新食感
抹醬三明治

53種極上抹醬×46道三明治
超人氣輕食的醬料配方大公開

U0006972

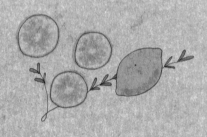

 生活樹系列 023

新食感抹醬三明治
スプレッドが決め手のサンドイッチ

作　者	朝倉めぐみ
譯　者	謝雪玲
副總編輯	陳永芬
執行編輯	洪曉萍
封面設計	蕭旭芳
美術編輯	許貴華

出版發行	采實出版集團
行銷企劃	黃文慧・王珉嵐
業務發行	張世明・楊筱薔・李韶婕・鍾承達
會計行政	王雅蕙・李韶婉
法律顧問	第一國際法律事務所　余淑杏律師
電子信箱	acme@acmebook.com.tw
采實官網	http://www.acmestore.com.tw/
采實文化粉絲團	http://www.facebook.com/acmebook

Ｉ Ｓ Ｂ Ｎ	978-986-5683-84-9
定　價	320 元
初版一刷	2015 年 12 月 24 日
劃撥帳號	50148859
劃撥戶名	采實文化事業有限公司
	104 台北市中山區建國北路二段 92 號 9 樓
	電話：02-2518-5198
	傳真：02-2518-2098

國家圖書館出版品預行編目 (CIP) 資料

新食感抹醬三明治 / 朝倉めぐみ作；謝雪玲譯.--初版--臺北
市：采實文化，民104.12 面；　公分 .--（生活樹系列；23）
ISBN　978-986-5683-84-9（平裝）
1.調味品 2.速食食譜

427.61　　　　　　　　　　　　　　　104026118

SPREAD CONTENTS

極上抹醬

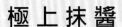

CONTENTS
目錄

Part 3

揭開三明治美味的秘密
新食感抹醬三明治

Part 4

在家獨享世界美味！
異國抹醬三明治

事先做好，
5 分鐘就能享受美味！

Point 1　製作抹醬和保存

　　三明治有各種不同種類，常見的有用吐司做成一口大小的「午茶三明治」。

　　本書中除了有午茶三明治的絕配抹醬，還有各種創意口味，一共準備了 53 種手工抹醬要介紹給大家。從自己喜歡的抹醬開始動手做做看吧！

　　雖然現做的抹醬最新鮮，不過為了方便使用，現在幾乎都是事先做好裝在瓶子裡，放在冰箱冷藏。事先做好抹醬，想吃的時候只要塗上麵包，隨時都可以品嚐到美味三明治。抹醬作法非常簡單，請詳閱 18～23 頁。

「水分」
是三明治頭號敵人

Point 2　準備麵包 & 食材

　　買麵包時跟店家說「要做三明治用的」，麵包店通常會將吐司切成 12 片。做午茶三明治原本都是用薄片麵包，但現在大塊有分量的麵包也很受歡迎。因此，依照食材或是個人喜好，也可以把吐司厚度切成 8～10 片做做看，體驗不同的口感！

　　三明治除了抹醬如果還要夾入其他食材，必須事先做好準備。抹醬中如奶油之類的油脂，可以包住食材水分，是不可或缺的重要角色，但是將食材水分事先擦乾也非常重要。特別是蔬菜類清洗過後，請用廚房紙巾將水分完全擦乾。因為只要有殘留水分，三明治就會吸水變得軟爛，美味也會減半。

迅速完成「塗、夾、切」
抹醬 & 三明治完美搭配五大秘訣

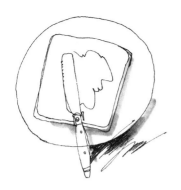

Point 4　夾＋壓，融為一體

三明治夾入食材後，必須讓兩片吐司貼合。請準備兩張廚房紙巾略微沾濕，先放一張在砧板上將三明治放上去，蓋上另一張濕紙巾，在上面放東西加壓 5～20 分鐘。

加壓的工具不需要很重，大概是用手壓緊的程度，讓兩片吐司邊緣碰到即可。不一定要用砧板加壓，使用其他板子或鍋盆也可以，重量不夠就在鍋子或碗盆中加水。如果沒有加壓工具，用保鮮膜緊緊包住三明治約 15 分鐘即可。

抹醬這樣塗更好吃！

Point 3　塗抹醬的技巧

在吐司塗上抹醬時，請使用奶油刀或湯匙等方便塗抹的器具。吐司中央的抹醬要厚一點，往邊緣則要越塗越薄。

像蓮藕這類有孔洞的食材，因為中間有空隙，最好用抹醬把空隙填滿，三明治切開後切面就會非常漂亮。此外，液狀流動的抹醬只要薄薄塗一層即可，固態濃稠的抹醬就輕輕抹上去多塗幾層。

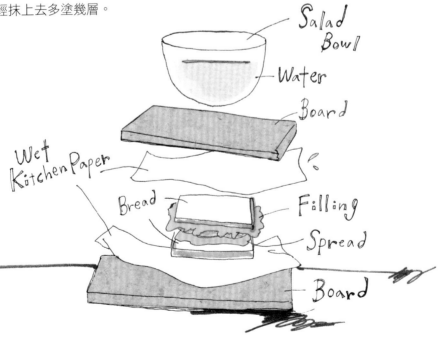

Salad Bowl

Water

Board

Wet Kitchen Paper

Bread

Filling

Spread

Board

人氣店家不說的秘密
熱熱切、來回拉

Point 5　切出超美夾料切面

❶ 工具

　　做三明治時，如果要切除吐司邊可以使用麵包刀，不過做午茶三明治的時候，用平常使用的普通不鏽鋼菜刀比較適合。

❷ 冷熱夾料

　　夾料的食材先冰過，三明治做好後，將菜刀加熱後再切開，就可以切得很漂亮。事先將食材及抹醬做好冷藏保存，要吃的時候再拿出來迅速做好。另外，製作燒烤三明治的時候，食材請趁熱夾入並趁熱切好。

❸ 菜刀加熱

　　不論任何情況，先燒開一鍋水用蒸氣加熱菜刀，三明治都會更容易切開。加熱後請將菜刀上的水分擦乾再使用。切三明治時如果用熱水沾濕毛巾或廚房紙巾，不斷擦拭菜刀，切開的三明治切面會非常好看。

❹ 按壓、拉切

　　切開三明治時，先用一隻手壓住吐司再切，請注意不要太用力使吐司凹陷，輕柔地稍微壓住即可。菜刀不要傾斜，從刀的根部用拉切的方式切開。

本書使用方法

❶ 分量標記：大匙 15ml、小匙 5ml、1 杯 200ml。

❷ 奶油若沒有特別註記，就是使用「無鹽奶油」。

❸ 檸檬請選用無農藥、無蠟、無防腐劑的。

❹ 橄欖油使用特級冷壓橄欖油。

❺ 雞蛋使用 M 尺寸。

❻ 鮮奶油是使用乳脂肪 36%，也可以依照喜好自行選用。

❼ 保存抹醬的保鮮瓶、密封容器等，請先用熱水煮沸消毒。

※ 三明治食譜皆以 2 片為 1 組，實際分量與照片不同。

完美切面小撇步

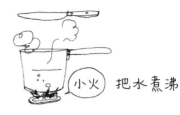

1. 菜刀先用蒸氣加熱過比較好切　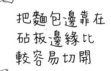 把水煮沸

2. 菜刀不傾斜，從刀柄根部往後拉切

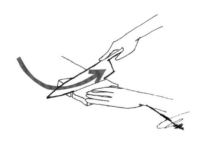

3. 抹醬如果擠壓出來，就朝著反方向將菜刀壓推回去再拉回來

把麵包邊靠在砧板邊緣比較容易切開

4. 想把三明治切成小塊時，將手跨壓在菜刀兩側輕輕固定三明治

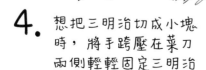

Carrot
Red Cabbege

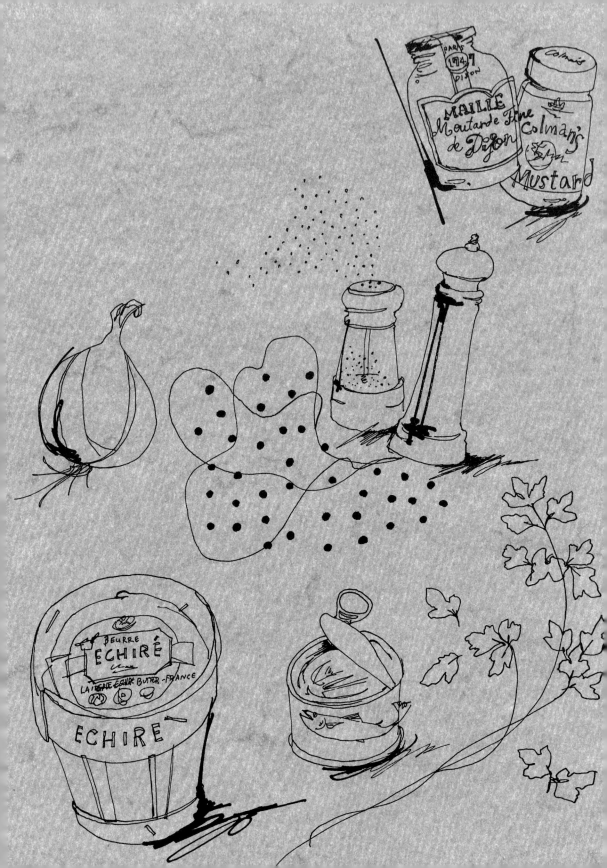

Part 1

只塗抹醬就超好吃！
午茶三明治&三明治捲

彩椒或南瓜等常見的蔬菜都可以做成美味抹醬。
鮭魚或海膽也可以變成與紅白酒超搭的海鮮抹醬！
Part1 要介紹常出現在我家聚會中，
用經典抹醬做成的午茶三明治，以及方便又有趣的三明治捲。

南瓜毛豆三明治

這是我很喜歡的黃綠組合，
也是我百吃不膩的三明治口味。
在味道溫和的南瓜中，
加入微微辛辣的洋蔥是一大特點，
用柔軟的吐司配抹醬一起享用吧！

● **材料**

吐司（8片切）……2 片

南瓜毛豆抹醬 ▶ P.20 ……5 大匙

● **作法**

1 一片吐司單面塗上南瓜毛豆抹醬，
　蓋上另一片吐司加壓 10 分鐘。

2 切除吐司邊後，切成 4 等分裝盤。

● 材料

吐司（10 片切）…… 2 片
四季豆……10 根
鹽……適量
彩椒抹醬 ▶ P.22 ……3 大匙

● 作法

1 將四季豆放在砧板上，撒鹽後用手掌輕輕滾動吸收鹽分。將四季豆用滾水氽燙再放入冷水中冷卻，瀝乾後用廚房紙巾擦乾水分。

2 一片吐司單面塗上彩椒抹醬，均勻鋪上四季豆。用剩下的抹醬補滿空隙塗勻，蓋上另一片吐司。

3 加壓約 20 分鐘後，切除吐司邊，再切成 4 等分裝盤。

彩椒四季豆三明治

四季豆不要氽燙太久，就可以吃到脆脆的口感。
記得把抹醬塗滿不留空隙，這樣切面會非常好看喔！

● 材料

吐司（12 片切）⋯⋯2 片
番茄（切成 2mm 厚圈狀）⋯⋯1/3 顆
黃芥末美乃滋 ▶ P.50 ⋯⋯1/2 大匙
海膽奶油 ▶ P.24 ⋯⋯1 又 1/2 大匙

● 作法

1 一片吐司單面均勻塗上黃芥末美乃滋，另一片吐司塗上海膽奶油。
2 將番茄緊密排在作法 1 的海膽奶油上、不留空隙，蓋上黃芥末美乃滋吐司。
3 加壓 15 分鐘，切除吐司邊後，切成 4 等分裝盤。

海膽番茄三明治

訣竅在於將番茄切得非常薄再夾進三明治。
這樣也許感受不到番茄的口感，不過卻會讓美味加倍。
如果番茄片太厚，品嚐時反而會先聞到海膽的海水味。

酪梨帆立貝三明治

這個抹醬對我而言是媽媽的味道。
美味秘訣在於用吐司夾起來後要放進冰箱冷藏，
這樣即使是柔滑的抹醬也會變得很好切。

● **材料**

吐司（8片切）……2 片
酪梨帆立貝咖哩抹醬 ▶ P.25 ……4 大匙

● **作法**

1 一片吐司單面均勻塗上酪梨帆立貝咖哩抹醬，蓋上另一
  片吐司。用保鮮膜緊緊包住，放進冰箱冷藏 30 分鐘。
2 切除吐司邊後，切成 4 等分裝盤。

白花椰蓮藕三明治

白花椰菜與乳製品柔和的香氣，結合能細細品味咀嚼的蔬菜，
在口中形成絕佳協調感。
蓮藕改用稍微汆燙過的馬鈴薯絲或牛蒡薄片取代也很好吃！

● 材料

吐司（10 片切）……2 片
蓮藕（直徑 5cm）……2cm
A ┌ 醋 ……25ml
  ├ 鹽 ……1 小匙
  └ 水 ……100ml
白花椰抹醬 ▶ P.25 ……3 大匙

● 作法

1 將蓮藕切成 2mm 厚圈狀。材料
  A 放入小鍋中煮滾，加入蓮藕燙
  3 分鐘後取出瀝乾，稍微放涼後
  用廚房紙巾擦乾水分。

2 一片吐司單面均勻塗上一半白花
  椰抹醬，鋪上作法 1。用剩下的
  抹醬補滿蓮藕的孔洞塗勻，蓋上
  另一片吐司。

3 加壓 15 分鐘後，切除吐司邊，
  對角線斜切成 4 等分裝盤。

紅鮭三明治

淡粉紅色的紅鮭抹醬相當討喜。
這款三明治的味道柔和，
不管配什麼飲品都很適合。
下午茶時間可以搭配紅茶，
餐會則可以搭配香檳或紅白酒。

● 材料

吐司（10 片切）……2 片
紅鮭抹醬 ▶ P.24 ……3 大匙

● 作法

1 一片吐司單面均勻塗上紅
  鮭抹醬，蓋上另一片吐司，
  加壓 15 分鐘。

2 切除吐司邊後，切成 4 等
  分裝盤。

四種方法，做出多口感抹醬！

材料標示為方便製作的分量，實際分量和照片不同。

抹醬指的是塗抹在麵包或是蘇打餅乾上的醬料，可能有人在進口罐頭上看過寫著抹醬（Spread）的字樣。抹醬包括用乳製品做成的奶油或植物奶油，或是由種子或豆類製成，廣義來說連果醬與糖漿都包含在內。

那麼，抹醬和沾醬有什麼不同呢？沾醬主要使用於開放式三明治或是沾蔬菜食用，濃稠度稀、含水量比較多。本書介紹的抹醬，非常重視符合三明治需要的濃度。如果太稀就不適合夾在麵包中，時間一久水分會滲進麵包影響口感。

本書介紹了 53 種適合夾入吐司的美味抹醬。抹醬的主要作法分為 4 種，最簡單的就是在調理碗中「拌勻混合」，其餘則是將蔬菜或魚肉類等食材「壓碎、用攪拌器攪拌、磨缽 + 研磨」，以下將舉例說明給大家參考。

抹醬食譜的作法都是適合每一種抹醬的製作方式，但也不一定非要照食譜的做法不可。想將抹醬做成柔滑或是帶有顆粒的口感，都可以依照喜好自由調整。

1. 攪拌材料

以奶油或美乃滋、優格為基底的抹醬，只要將材料倒入調理碗中用湯匙或抹刀拌勻即可。需要特別注意的是，奶油要先放在常溫下軟化後再使用，這樣可以輕鬆拌出柔滑感，很容易與其他材料融合在一起。

優格伍斯特抹醬
抹醬食譜 ▶ P.57

檸檬奶油
抹醬食譜 ▶ P.49

2. 用磨缽搗碎

研磨搗碎可以完整釋放出食材香氣,特別是有使用香草時,用磨缽最理想。
火腿、豆腐、茄子等軟嫩食材,都可以搗成柔順的泥狀。

香菜薄荷抹醬

保存期限
約 **2** 天

> 薄荷跟香菜真是絕配!除了可以用在雞肉、羊肉等
> 夾入肉類食材的三明治,搭配蒜頭油煎茄子也可以
> 做出超好吃三明治。

三明治食譜 ▶ P.82、98

● **材料**(約 3 又 1/2 大匙)

A ⌈ 香菜(切 1cm 長)⋯⋯2 株
  │ 薄荷葉＊⋯⋯1 個手掌分量
  └ 紅辣椒(去籽切碎)⋯⋯1/2 ～ 1 根

B ⌈ 檸檬汁⋯⋯1/2 大匙
  └ 橄欖油⋯⋯1 大匙

黃芥末醬＊＊⋯⋯1 大匙
鹽⋯⋯少許

＊ 建議使用帶著柔和香氣的綠薄荷(Spearmint)。
＊＊ 建議使用味道溫和不嗆辣的法國勃根地區第戎(Dijon)所
產的黃芥末醬。▶ P.109

超市常見的香菜,泰語發音是
Pakuchii,英文則稱作 Coriander。

1
把材料 A 放入磨
缽中。

2
研磨敲打把香菜
梗搗碎,加入材
料 B 一起研磨。
★不要完全磨碎,
稍微留點梗。

3
加入黃芥末醬拌
勻,用鹽調味。

▶「保存期限」須
將抹醬裝入煮沸消
毒過的密閉容器,
放入冰箱冷藏。

3. 壓碎材料

這是把蔬菜等食材燙過後，用木鏟或湯匙壓碎的方法，主要食材包括南瓜或馬鈴薯等，可以保留食材的塊狀口感，但若想吃起來滑順也可以使用搗碎器。

南瓜毛豆抹醬

保存期限
約 **5** 天

❝
洋蔥泡鹽水變軟後會產生甜味，和南瓜混合產生意外的美味。
可以多做一些當南瓜沙拉單吃也是一道很棒的點心。❞

三明治食譜 ▶ P.12

● **材料**（約 16 又 1/2 大匙）

南瓜（去皮去籽，切成一口大小）……250g
洋蔥（切薄片）……80g
毛豆（冷凍）……20 個豆莢
美乃滋 ……3 大匙
鹽、黑胡椒……適量

①

洋蔥先切薄片後，調製 2.5% 的鹽水浸泡 20 分鐘。

★讓洋蔥出水變軟並帶點鹹味。

②

將洋蔥放在濾網上用水稍微沖一下，用廚房紙巾重複 2 次擰乾水分。毛豆用開水燙過解凍，除去豆莢後再剝掉毛豆上的薄皮。

★擰乾洋蔥時，廚房紙巾請更換 2 ～ 3 次，這樣就可以完全擰乾水分。

③

將南瓜放入鍋中，加水至稍微淹過南瓜，開大火煮滾後轉中火。煮到用筷子可以輕鬆刺入的軟度。取出南瓜放在濾網上瀝乾，再倒回鍋中開小火，搖動鍋子讓水分蒸發。

★南瓜表面出現白色糖分的結晶粉末，就表示水分已完全收乾。

④

用木鏟稍微壓碎作法 3，加入作法 2 的洋蔥及美乃滋攪拌均勻。

⑤

加入作法 2 的毛豆輕輕攪拌，加鹽調味後再加黑胡椒拌勻。

4. 食物攪拌器、調理機

使用攪拌器或食物調理機可以輕鬆製作抹醬。如果有使用美乃滋這類液狀材料，用攪拌器可以拌得相當柔滑。不過若是有蔬菜類的纖維質食材，抹醬吃起來還是會保有顆粒感，很難達到完全柔滑的效果。

\ 彩椒抹醬 /

保存期限
約 **5** 天

“
這是一款百搭的萬能抹醬，不論是蔬菜、雞蛋，或是莫札瑞拉起司等任何材料都能搭配夾入三明治。多做一點保存下來，還可以直接當義大利麵醬使用，相當方便。 ”

三明治食譜 ▶ P.13、42

● **材料**（約 5 大匙）

A ┌ 紅椒（切 2cm 小丁）……1 顆
　├ 洋蔥（切 2cm 小丁）……80g
　└ 蒜頭（切碎）……1 大瓣

B ┌ 白酒……50ml
　└ 水……100ml

C ┌ 雞高湯粉……1/2 大匙
　└ 水……50ml

番茄糊……1 大匙
橄欖油……1 大匙

①

取一厚鍋加熱橄欖油，倒入材料 A 用中火拌炒後，
加入材料 B 稍微煮滾。

②

將材料 C 拌勻溶解後，倒入作法 1 轉小火。加入
番茄糊稍微攪拌一下，加蓋留有空隙，繼續煮約
40 分鐘。

★依據鍋子的不同加熱時間也不同。請注意燉煮的情況，若
水分變少請酌量加水。

③

掀起蓋子，若還有殘留水分的話，開中火用木鏟一
邊攪拌一邊收乾水分，關火使其散熱。

④

用攪拌器拌成滑順的泥狀後再
倒回原鍋中，開中小火一邊用
木鏟攪拌一邊煮約 5 分鐘。

▶也可以將材料留在原鍋中，
使用手持式攪拌器壓成泥狀。

14 ～ 17 頁的抹醬食譜

" 無庸置疑的美味代表抹醬。在醬料中加入吉利丁增加黏稠度，如果把吉利丁分量加倍，冰涼凝固後就會變成特別的法式凍派。**"**

三明治食譜 ▶ P.16

紅鮭抹醬

保存期限 約 **5** 天

保存期限 約 **2** 天

海膽奶油

● **材料**（約 12 又 1/2 大匙）

　紅鮭 ＊（薄鹽、切片）⋯⋯1 片（魚肉 80g）
　洋蔥（切粗丁）⋯⋯2 又 1/2 大匙
A ┌ 蒔蘿（只用葉子）⋯⋯4 ～ 5 根
　│ 美乃滋 ⋯⋯6 大匙
　│ 白酒 ⋯⋯1/2 大匙
　│ 檸檬汁 ⋯⋯1 小匙
　└ 鮮奶油 ⋯⋯40ml
　吉利丁粉 ⋯⋯2.5g
　鹽、胡椒 ⋯⋯適量
　＊也可以用鮭魚罐頭，請去皮去骨。

● **作法**

1 使用烤魚網將紅鮭烤到兩面金黃焦脆，去掉魚骨及魚皮。

2 洋蔥用 1% 的鹽水浸泡 5 分鐘後，撈起瀝乾水分，以廚房紙巾重複 2 次擰乾水分。

3 吉利丁粉倒入 25ml 的水，使其吸水膨脹。

4 將作法 1、2 及材料 A 倒入攪拌器，將鮭魚拌至細碎。加入鹽、胡椒調味，再加入作法 3 和吉利丁拌勻。

5 把作法 4 倒入保存容器中，冷藏約 1 小時，使其冰涼柔順軟化。

" 雖然海膽價格稍高，但保證一定好吃！和香檳及白酒是絕配，非常推薦搭配餐前酒作為派對開胃菜。**"**

三明治食譜 ▶ P.14

● **材料**（約 4 大匙）

　奶油（常溫放軟）⋯⋯2 大匙
　鹽漬海膽 ＊（瓶裝）⋯⋯2 大匙
　洋蔥（磨泥）⋯⋯1/2 小匙
　蒜泥 ⋯⋯1/4 小匙
　＊酒精濃度高的話請減少用量。使用新鮮海膽時，請加入一小撮鹽。

● **作法**

把奶油放到調理碗中攪拌成泥狀，其他材料全部放入拌勻即可。

酪梨帆立貝咖哩抹醬

> 因為是柔順的抹醬，也適合做燒烤三明治。撒上起司及麵包粉放進烤箱，還能瞬間變出美味焗烤料理。

三明治食譜 ▶ P.15

● **材料**（約 8 又 1/2 大匙）

酪梨……1/2 顆
帆立貝柱（罐頭）……30g

A ┌ 蘑菇（切薄片）……2 顆
  │ 咖哩粉……1/2 小匙
  └ 橄欖油……1 小匙

檸檬汁……1/2 大匙
美乃滋……2 大匙
鹽、黑胡椒……適量

● **作法**

1 材料 A 倒入平底鍋開中火，炒出香味後轉小火。蘑菇變成咖哩色後關火冷卻。
2 酪梨用叉子壓碎，淋上檸檬汁。加入帆立貝柱、作法 1、美乃滋拌勻。用鹽、黑胡椒調味。

白花椰抹醬

> 這款抹醬因味道柔和大受歡迎。若有剩餘的抹醬，可以加入一半水、一半牛奶稀釋，用鹽與胡椒調味，就是一碗搭配三明治的湯品喔！

三明治食譜 ▶ P.16

● **材料**（約 9 大匙）

A ┌ 白花椰菜（切小朵）……110g
  │ 洋蔥（切粗丁）……40g
  │ 奶油……1 大匙
  └ 檸檬（兩端切下的部分）……適量

鮮奶油……50ml
馬斯卡彭起司……25g
鹽、胡椒……少許

● **作法**

1 材料 A 倒入鍋中，加水稍微淹蓋過食材。以中火煮滾後攪拌一下，轉小火將檸檬取出。煮 15 分鐘收乾水分，加入鹽、胡椒調味。
2 鮮奶油、放涼的作法 1、馬斯卡彭起司倒入攪拌機中打成柔滑的泥狀。

保存期限
當天食用

保存期限
約 5 天

超簡單！蔬菜三明治捲

本書介紹的抹醬都非常適合用來做成快速方便的三明治捲。
只要把蔬菜棒當作芯，用保鮮膜捲起來即可。
使用彩色包裝紙包裝三明治捲，就能當作大方美觀的派對伴手禮，
或是帶去野餐也能增添很多樂趣。三明治捲使用的吐司是薄片的 12 片切。

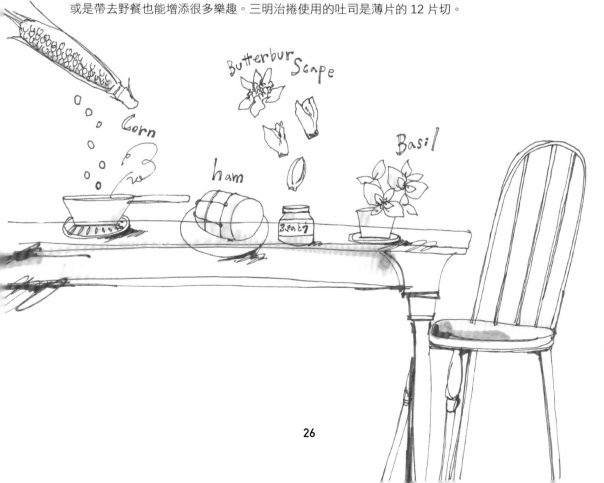

Corn

Butterbur Scape

ham

Basil

26

> 帶著若有似無的玉米細顆粒抹醬。製作重點在於用奶油將玉米拌炒到稍微焦香，炒過之後玉米的香氣就會徹底散發。

奶油玉米抹醬

保存期限 約 **5** 天

● **材料**（約 3 大匙）

罐頭玉米粒（瀝乾湯汁）……60g
奶油……2 小匙
馬斯卡彭起司……1 大匙
法式油醋醬……1 大匙

● **作法**

1 奶油、玉米粒倒入平底鍋中開中火，拌炒到玉米粒微微焦香。
2 把作法 **1**、剩下的材料倒入攪拌機，攪拌到稍微留有玉米顆粒。

> 這款抹醬搭配起司，再一起夾入三明治，真是令人難忘的滋味。

火腿洋蔥抹醬

保存期限 約 **5** 天

● **材料**（約 5 大匙）

肩肉火腿（切 2cm 小丁）……80g
洋蔥（切薄片）……25g
酸奶油……1 大匙
鮮奶油……1/2 大匙
檸檬汁……1 小匙
鹽、黑胡椒……適量

● **作法**

1 將洋蔥泡在 1% 的鹽水中 20 分鐘，用水沖洗後瀝乾，用廚房紙巾重複 2 次擰乾水分。
2 鹽、黑胡椒之外的食材及作法 **1** 倒入攪拌機，攪拌到稍微留有顆粒。最後用鹽、黑胡椒調味。

善用罐頭食材，一年之中不論什麼時候都可以享用到春天的美味。
微苦滋味跟任何酒都很搭，是帶有大人成熟味的抹醬。

蜂斗菜青豆抹醬

保存期限
約 **5** 天

● **材料**（約3大匙）

青豆（冷凍）……35g

A ┌ 佃煮蜂斗菜 ▶ P.109 ……20g
　├ 奶油（常溫放軟）……1 大匙
　└ 橄欖油……1 大匙

檸檬汁……1/2 大匙
鹽……適量

● **作法**

1 青豆用開水汆燙解凍後擦乾水分。
2 作法 1、材料 A 放入攪拌機，拌到
　剩下些微顆粒的泥狀。加入檸檬
　汁拌勻，用鹽調味。

把材料中的奶油換成橄欖油，就可以
變成日式「醋味噌」。把燙好的綠花
椰、竹筍、小番茄還有烏賊等海鮮拌
勻，就是一道美味的涼拌菜。

羅勒味噌

保存期限
約 **5** 天

● **材料**（約2大匙）

羅勒葉……2 枝（12～13 片）
綠芥末醬……1 小匙
味噌（依喜好挑選）……1 小匙
奶油（常溫放軟）……1 大匙
檸檬汁……1 小匙

● **作法**

羅勒葉撕碎放入磨缽，其餘材料也
放入磨缽中搗碎，直到羅勒葉變細
碎為止。

蔬菜三明治捲的作法

① 將 12 片切的薄吐司切除吐司邊。捲起來的末端，如圖用菜刀斜切。

 斜切 CUT!

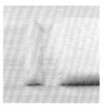

② 在斜切好的邊邊塗上美乃滋。

★目的是為了讓捲起來的末端能夠緊黏在吐司上，也可以塗上奶油。

Carrot

Cucumber

GreenBeans

Burdock

Micro Tomatoes

Asparagus

小塊蔬菜也可以排成一列當作芯

White Radish

3

保鮮膜鋪平在砧板上，斜切的吐司末端朝前，預留一些保鮮膜。從內側朝另外三個方向塗上抹醬，越往邊緣塗越薄。

4

保鮮膜與吐司靠近砧板邊緣放好，蔬菜棒放在內側。

5

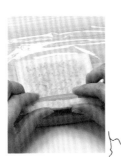

以蔬菜棒為中心，兩手連同保鮮膜拿起吐司開始捲。

6

一邊把保鮮膜拉起、一邊捲動吐司。不要捲太緊也不要捲太鬆，力道適中。

把保鮮膜拉起自然就會向前捲動

7

捲好後用保鮮膜緊緊包住，兩端轉緊。封口朝下靜置約 10 分鐘。

Broccoli

Celery

不同種類的蔬菜都可以捲捲看喔！

三明治是最佳派對美食！
方便、貼心又能盡情享受歡樂

在家招待朋友聚會時，三明治是不可或缺的餐點。

當作開胃菜先端出 2～3 種三明治，有時候會想「今天來場三明治 Party 吧！」從開始到結束總共準備了 10 種以上的三明治或三明治捲來款待客人。

三明治 Party 的好處是可以事先做好，主人不用一直在廚房忙進忙出，能夠好好地坐著跟客人聊天，肚子餓的人可以盡情用餐，想痛快喝酒的人可以把三明治當作下酒菜，每個人都能依照自己的喜好盡情享用美食。

除此之外，三明治還有一個更大的優點，如果擔心客人吃不夠而做太多時，三明治也很方便包裝攜帶，能當作伴手禮讓客人帶回去，這樣既不會浪費食物又能賓主盡歡。

聚會宴客的三明治建議每個都用保鮮膜包起來，一方面不用擔心會弄散，一方面是如果吃不完的話也能直接放到冰箱冷藏，隔天三明治會更溼潤入味，第二次吃也相當美味。

不論是和朋友聚餐或是好姊妹聚會、媽媽們的約會，只要有三明治跟紅酒白酒，便能和三五好友度過美好的幸福時光。

還有一點，如果聚會吃三明治能再備有熱湯一起吃那會更好！奶油濃湯或蔬菜湯或其他湯品都可以。只要前一天先做好，聚餐時再加熱，不用花費太多時間。藉由這樣溫暖的單品料理，更能凸顯三明治的美味！

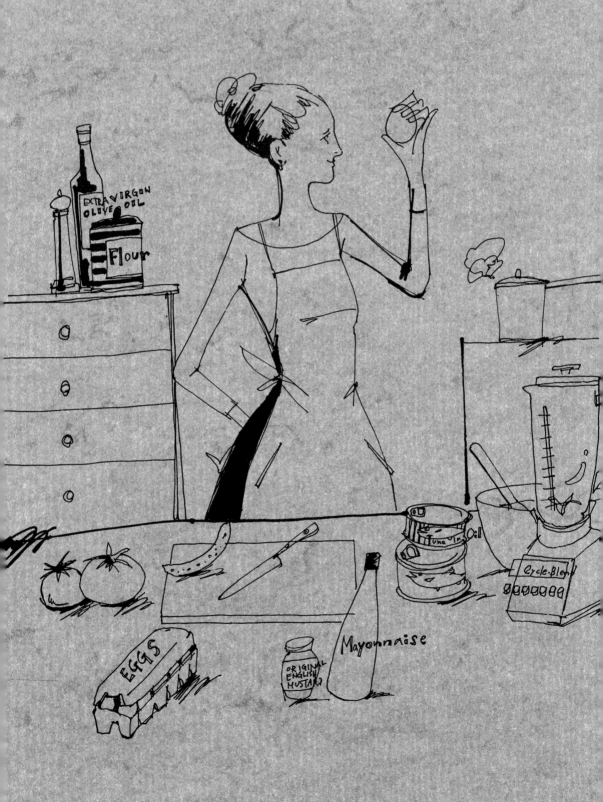

Part 2

用常見食材為抹醬加分

極上抹醬 vs. 經典三明治

小黃瓜、雞蛋、鮪魚、火腿等常見三明治，
只要塗上含有山椒或黑橄欖的抹醬，就能產生與眾不同的風味。
先塗抹醬打底再加上食材，
同時塗上兩種抹醬也可以調和出超乎想像的美味！

芝麻小黃瓜三明治

在家能輕鬆做出來的小黃瓜三明治。美味秘訣是一定要將蔬菜水分瀝乾，凸顯抹醬的風味。

● 材料

吐司（12 片切）……2 片

小黃瓜（縱切 2mm 薄片）……1/2 根

茗荷（切絲）……1 個

黃芥末奶油 ▶ **P.48** ……1/2 大匙

芝麻美乃滋 ▶ **P.50** ……1 大匙

● 作法

1 兩片吐司單面塗上黃芥末奶油，其中一片重複塗上芝麻美乃滋。

2 用廚房紙巾吸乾小黃瓜及茗荷水分，均勻鋪在作法 1 有芝麻美乃滋的吐司上。蓋上另一片吐司加壓 15 分鐘。

3 切除吐司邊，再切成 4 等分裝盤。

梅香小黃瓜三明治

吐司搭配薄片小黃瓜真是天生絕配。
加上微微的梅香讓整體風味變得更加高貴。

● 材料

吐司（12片切）……2 片
小黃瓜（斜切 2mm 薄片）……1/2 根
青紫蘇（去梗）……3～5 片
綠芥末奶油 ▶ P.48 ……1/2 大匙
梅香美乃滋 ▶ P.50 ……1 大匙

● 作法

1 兩片吐司單面塗上綠芥末奶油。

2 作法 1 的一片吐司重複塗上梅香美乃
滋，用廚房紙巾吸乾小黃瓜的水分，
均勻鋪到吐司上。

3 青紫蘇疊在另一片吐司，蓋到小黃瓜
上面，加壓 15 分鐘。切除吐司邊，
再切成 4 等分裝盤。

37

嫩火腿三明治

便利商店經常看到的「嫩火腿三明治」，也可以在家自己做。軟嫩的火腿與美乃滋真是百吃不膩的組合。

● 材料

吐司（10片切）……2 片
Suzette 火腿片＊……5〜6 片
小黃瓜（斜切 1mm 薄片）……1/2 根
洋蔥（切薄片）……3〜4 片
黃芥末奶油 ▶ P.48 ……1/2 大匙
酸黃瓜美乃滋 ▶ P.51 ……1 又 1/2 大匙
＊超薄火腿片，也可使用薄切火腿片。

● 作法

1 將洋蔥泡在 2.5% 鹽水中 5 分鐘，用水沖洗過後瀝乾水分，再用廚房紙巾重複 2 次擰乾水分。

2 兩片吐司單面抹上黃芥末奶油，再抹上酸黃瓜美乃滋。

3 用廚房紙巾吸乾小黃瓜的水分，均勻平鋪在作法 2 的一片吐司上。再將火腿、作法 1 的洋蔥依序疊放。

4 蓋上另一片吐司，加壓 10 分鐘。切除吐司邊後，切成 4 等分盛盤。

萵苣火腿三明治

以50度的水清洗萵苣，或是用冰水浸泡萵苣，都可以讓萵苣變得更爽脆飽水。記得要將萵苣的水分吸乾再夾進三明治。

● 材料

吐司（10片切）……2 片
里肌火腿片……2 片
萵苣……5～6 片
黃芥末奶油 ▶ P.48 ……1/2 大匙
綜合胡椒美乃滋 ▶ P.51 ……2 大匙

● 作法

1 萵苣浸泡冰水5分鐘，用廚房紙巾擦乾並攤平。
2 兩片吐司單面塗上黃芥末奶油，再塗上綜合胡椒奶油。
3 將火腿片、作法1的萵苣依序疊放在一片吐司上，再蓋上另一片吐司。
4 加壓20分鐘，切除吐司邊後，對角線切成2等分裝盤。

煙燻鮭魚 & 鮭魚卵三明治

用切塊的煙燻鮭魚與鮭魚卵做出高級抹醬。
塗上滿滿的抹醬享受鮭魚及鮭魚卵奢侈的美味吧！

● **材料**

吐司（10 片切）……2 片
黃芥末奶油 ▶ P.48 ……1/2 大匙
煙燻鮭魚 & 鮭魚卵抹醬 ▶ P.59 ……3 又 1/2 大匙

● **作法**

1　兩片吐司單面塗上黃芥末奶油。
2　作法 1 的一片吐司重複塗上煙燻鮭魚 & 鮭魚卵
　　抹醬，蓋上另一片吐司，加壓 15 分鐘。
3　切除吐司邊後，對角線切成 4 等分裝盤。

煙燻鮭魚三明治

煙燻鮭魚、蒔蘿奶油配上有著柔和辣味的辣根，形成絕佳美味組合。添加酸黃瓜後馬上變成熟的大人口味。

● **材料**

吐司（10 片切）……2 片
煙燻鮭魚（切薄片）……5 ～ 6 片
酸黃瓜＊（縱切一半）……6 根
蒔蘿奶油 ▶ P.48 ……1 大匙
辣根起司 ▶ P.56 ……1 又 1/2 大匙

＊被稱為 Cornichon 的迷你醋漬條瓜，可以在超市購得。▶ P.108

● **作法**

1 兩片吐司單面塗上蒔蘿奶油。
2 作法 1 的一片吐司重複塗上辣根起司。用廚房紙巾擦乾酸黃瓜的水分，將煙燻鮭魚、酸黃瓜依序疊放在吐司上。
3 蓋上另一片吐司，加壓 10 分鐘。切除吐司邊後，縱切 3 等分裝盤。

cut

Smoked Salmon

Pickles

將酸黃瓜縱切一半

厚片玉子燒三明治

夾入比吐司還要厚的玉子燒，即使加入整顆黑橄欖也不突兀。
吐司用保鮮膜緊緊包住會稍微被壓扁，最好使用 8 片切吐司。

● 材料

吐司（8 片切）……2 片
雞蛋……3 顆
黑橄欖＊（無籽）……3 顆
A ⎡ 鮮奶油（或鮮奶）……1 大匙
　 ⎣ 鹽、胡椒……適量
橄欖油……適量
彩椒抹醬 ▶ P.22 ……2 大匙
＊罐裝黑橄欖處理方式請見 ▶ P.58

● 作法

1 雞蛋打散，加入材料 A 充分拌勻。
2 平底鍋加熱橄欖油，倒入作法 1 的蛋液製作厚片玉子燒。玉子燒放涼後切半。
3 兩片吐司單面塗上彩椒奶油。
4 作法 3 的一片吐司放上作法 2 一片玉子燒，將黑橄欖放在中間排成一列，再疊上另一片玉子燒。蓋上另一片吐司，用保鮮膜緊緊包住 20 分鐘。
5 切除吐司邊後，對切一半裝盤。切的位置要看得到黑橄欖切口整齊排成一列。

山椒水煮蛋三明治

使用微辣刺激感的山椒做成雞蛋三明治。為了完整品嚐到山椒的極致風味，請勿再加入洋蔥等刺激性食材。

● 材料

吐司（10 片切）……2 片
山椒葉（或切碎的巴西里）……適量
黃芥末奶油 ▶ P.48 ……1/2 大匙
山椒雞蛋抹醬 ▶ P.56 ……3 ～ 4 大匙

● 作法

1 兩片吐司單面塗上黃芥末奶油。
2 作法 1 的一片吐司重複塗上山椒雞蛋抹醬，把山椒葉撕開後撒在吐司上，蓋上另一片吐司，加壓 15 分鐘。
3 切除吐司邊後，對角線切成 4 等分裝盤。

黑橄欖鮪魚三明治

● 材料

吐司（10 片切）……2 片
番茄（切薄片）……1/3 顆
黃芥末奶油 ▶ P.48 ……1/2 大匙
黑橄欖鮪魚抹醬 ▶ P.58 ……3 大匙

● 作法

1 兩片吐司單面塗上黃芥末奶油。
2 作法 1 的一片吐司重複塗上黑橄欖
　鮪魚抹醬，將番茄鋪滿吐司。
3 蓋上另一片吐司，加壓 10 分鐘。切
　除吐司邊後，切成 3 等分裝盤。

鮪魚、番茄與黑橄欖的義大利風味
抹醬，很適合搭配紅酒。抹醬的味
道與香氣都非常強烈，麵包也可以
用五穀類或黑麥吐司增添香氣。

檸香鮪魚三明治

以美乃滋為基底的抹醬,加入很多
檸檬,是一款口味清爽的三明治,
可以搭配白酒一起食用。

● **材料**

吐司(10片切)……2 片
黃芥末奶油 ▶ P.48 ……1/2 大匙
檸香鮪魚抹醬 ▶ P.58 ……3 大匙

● **作法**

1 兩片吐司單面塗上黃芥末奶油。
2 作法 1 的一片吐司重複塗上檸香
  鮪魚抹醬,蓋上另一片吐司,加
  壓 15 分鐘。
3 切除吐司邊後,切成 4 等分裝盤。

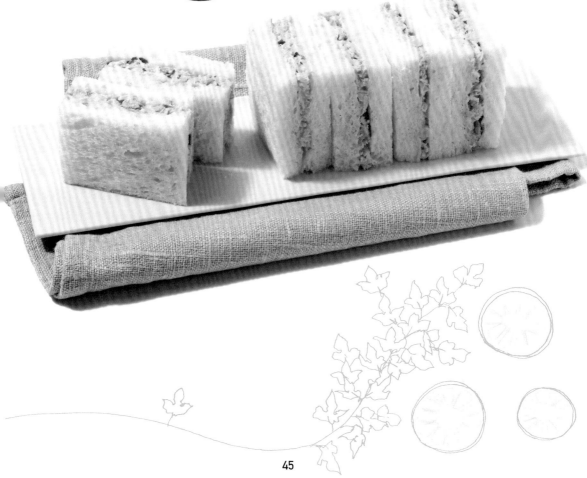

明太子櫻花蝦薯泥三明治

吐司夾入薯泥醬，就像用手抓著馬鈴薯沙拉吃。
塗上比麵包更厚的抹醬，細細品嚐香醇的口感。

● 材料

吐司（8片切）……2 片
黃芥末奶油 ▶ P.48 ……1/2 大匙
明太子櫻花蝦薯泥醬 ▶ P.52 ……4 ～ 5 大匙

● 作法

1 兩片吐司單面塗上黃芥末奶油。
2 作法 1 的一片吐司重複塗上明太子櫻花蝦
  薯泥醬，蓋上另一片吐司加壓 15 分鐘。
3 切除吐司邊後，切成 4 等分裝盤

甜菜根馬鈴薯三明治

讓人驚艷的紅寶石顏色，吃起來的味道柔和，不如外表強烈。甜菜根很容易染色，切的時候要注意別沾到吐司。

● **材料**

吐司（8 片切）⋯⋯2 片
蒔蘿奶油 ▶ P.48 ⋯⋯1 大匙
甜菜根馬鈴薯抹醬 ▶ P.53 ⋯⋯4 ～ 5 大匙

● **作法**

1 兩片吐司單面塗上蒔蘿奶油。
2 作法 1 的一片吐司重複塗上甜菜根馬鈴薯抹醬，蓋上另一片吐司加壓 15 分鐘。
3 切除吐司邊後，縱切成 3 等分裝盤。

【經典╳創意】極上抹醬食譜

開始自己做抹醬後，一定會發現抹醬豐富的美味。使用各式各樣材料做成的抹醬，每一種味道都相當獨特。不論是同時塗抹兩種抹醬，或是更進階用抹醬搭配自己喜歡的食材，都可以享受到很多樂趣。一起用抹醬做出好吃的三明治吧！

●食譜材料是方便製作的分量，實際成品與照片不同。
●保存期限是指將抹醬裝入以沸水消毒過的密閉容器，再放入冰箱的冷藏天數。

奶油類抹醬

此種抹醬如果要冷藏後分次使用，請先放常溫軟化後再用。

╲ 黃芥末奶油 ╱

三明治食譜▶ P.36.38.39.40.43.44.45.46.68.74.78.98.104

使用排行榜第一名，是最常用來為三明治打底的抹醬。黃芥末泥可以將辣味充分呈現出來。

保存期限 ● 約 5 天

材料（約 2 大匙）

奶油（常溫放軟）……2 大匙
黃芥末泥 ……1/2 大匙

作法

將奶油攪拌成滑順泥狀，加入黃芥末泥拌勻。

╲ 綠芥末奶油 ╱

保存期限 ● 約 5 天

三明治食譜▶ P.37.66

三明治不可或缺的辣味基底抹醬，擁有比黃芥末奶油更柔和新鮮的味道。非常適合搭配鮭魚等海鮮食材。

材料（約 2 大匙）

奶油（常溫放軟）……2 大匙
綠芥末泥 ……1/2 大匙

作法

將奶油攪拌成滑順泥狀，加入綠芥末泥拌勻。

╲ 蒔蘿奶油 ╱

保存期限 ● 約 5 天

三明治食譜▶ P.41.47

在奶香中散發香草清香的味道。蒔蘿也可用百里香、迷迭香、茴香芹等其他香草替換。

材料（約 1 大匙）

奶油（常溫放軟）……1 大匙
蒔蘿（只用葉子）……2 枝

作法

將奶油攪拌成滑順泥狀，加入蒔蘿拌勻。

檸檬奶油

三明治食譜 ▶ P.76.80.82.84.85.86.87.94

在奶油抹醬中廣泛使用的程度僅次於黃芥末奶油。檸檬的清香及酸味非常適合搭配點心類、甜點類三明治。

保存期限 ● 約 5 天

材料（約 2 又 1/2 大匙）

奶油（常溫放軟）……2 大匙
檸檬汁……1/2 大匙
檸檬皮（磨屑）……約 1 顆

作法

把奶油攪拌成滑順泥狀，再倒入其他材料拌勻。

薑泥奶油

三明治食譜 ▶ P.72

製作紅蘿蔔三明治的黃芥末奶油，如果換成薑泥奶油可以讓味道變得更清爽。三明治若夾入醬燒豬肉，就會變成令人垂涎的薑燒豬肉三明治。

保存期限 ● 約 3 天

材料（約 2 又 1/2 大匙）

奶油（常溫放軟）……2 大匙
薑泥……1/2 大匙

作法

把奶油攪拌成滑順泥狀，加入薑泥拌勻。

綜合胡椒奶油

三明治食譜 ▶ P.96

各種不同顏色的胡椒混合，形成內斂渾厚的辛辣味。刺激強烈的香氣及味道，可以除去魚肉和肉類腥味。

保存期限 ● 約 5 天

材料（約 2 大匙）

奶油（常溫放軟）……2 大匙
綜合胡椒 ＊（整粒）……1/2 大匙
＊由黑、白、紅、綠等胡椒混合而成，也可以只用現磨的普通黑白胡椒。▶ P.108

作法

把奶油攪拌成滑順泥狀，加入現磨的綜合胡椒拌勻。

甜辣奶油

三明治食譜 ▶ P.106

使用市售甜辣醬拌勻即可，作法非常簡單，卻可以做出充滿亞洲風味的三明治。在食材中加入香菜，就會更接近正統東方料理的味道。

保存期限 ● 約 5 天

材料（約 2 又 1/2 大匙）

奶油（常溫放軟）……2 大匙
甜辣醬 ▶ P.109 ……1 大匙

作法

把奶油攪拌成滑順泥狀，加入甜辣醬拌勻。

黃芥末美乃滋

三明治食譜▶ P.14.66.68.80.96

和黃芥末奶油一樣百搭，不論夾在哪種三明治都很對味。法式黃芥末的辣度比日式黃芥末溫和，在此使用等量的法式黃芥末與美乃滋。

保存期限 ● 約 2 天

材料（約 4 大匙）

美乃滋 ……2 大匙
黃芥末醬＊……2 大匙
＊建議使用味道溫和不嗆辣的法國勃根地區第戎（Dijon）產的芥末醬。
▶ P.109

作法

將所有材料充分拌勻。

芝麻美乃滋

三明治食譜▶ P.36

日式和西式口味的三明治都很適合搭配這款美乃滋。即使用小黃瓜或萵苣這樣簡單的蔬菜，也可以享受到濃醇香氣，是薄塗一層就可以讓人感到滿足的抹醬！

保存期限 ● 約 2 天

材料（約 1 又 1/2 大匙）

白芝麻醬 ……1 小匙
A [美乃滋 ……1 大匙
    檸檬汁 ……1 小匙
焙煎白芝麻 ……1/2 小匙
辣油 ……少許

作法

白芝麻醬倒入材料 A 拌勻，再倒入其他材料拌勻。

梅香美乃滋

三明治食譜▶ P.37

在老少咸宜的梅香美乃滋中加入脆脆的梅肉，可以享受到不同的口感。每種醃梅鹹度各有不同，加入梅肉時請一邊試吃鹹度一邊酌量加入。

保存期限 ● 約 2 天

材料（約 4 大匙）

梅肉 ……1 大匙
美乃滋 ……2 大匙
脆梅（切碎）……6 顆

作法

將所有材料充分拌勻。

綜合胡椒美乃滋

保存期限 ● 約 2 天

綜合胡椒與美乃滋搭配比較能直接凸顯辣味。想要增添多一點辣味，比起綜合胡椒奶油、更建議搭配這款美乃滋。

三明治食譜 ▶ P.39.74

材料（約 2 大匙）

綜合胡椒＊（整粒）……1/2 大匙
美乃滋 ……2 大匙

＊由黑、白、紅、綠等胡椒混合而成，融合在一起形成更豐富的香味。也可以只用現磨的普通黑白胡椒。▶ P.108

作法

1 把綜合胡椒用廚房紙巾包起來後，再用研磨棒把胡椒搗碎。
2 把作法 1 與美乃滋充分拌勻。

酸黃瓜美乃滋

三明治食譜 ▶ P.38.102

酸黃瓜是漢堡的最佳伙伴！可以依照自己的口味調整黃瓜分量。

保存期限 ● 約 2 天

材料（約 4 大匙）

酸黃瓜＊（切末）……6 根
美乃滋 ……3 大匙
黃芥末 ……1 小匙
鹽、胡椒 ……適量

＊被稱為 Cornichon 的迷你醋漬條瓜，可以在超市購得。▶ P.108

作法

將所有材料充分拌勻。

巴沙米可醋美乃滋

三明治食譜 ▶ P.66

適合搭配牛肉或豬肉三明治。香氣濃厚的巴沙米可醋味道相當濃醇且帶有酸味，和肉類等重口味食材一起入口，特別能顯現食材原有的美味。

保存期限 ● 約 2 天

材料（約 1 又 1/2 大匙）

美乃滋 ……1 大匙
巴沙米可醋 ……1/2 大匙

作法

將所有材料充分拌勻。

柚子胡椒美乃滋

保存期限 ● 約 2 天

三明治食譜 ▶ P.70

比起黃芥末醬或日式黃芥末，想要品嘗溫和的辛辣感建議使用這款抹醬。醬料中充滿清新的柚子香氣，是一款相當高雅的抹醬。

材料（約 2 大匙）

美乃滋 ……2 大匙
柚子胡椒 ……1 小匙

作法

將所有材料充分拌勻。

蔬菜類抹醬

明太子櫻花蝦薯泥醬

保存期限 ● 約 5 天

三明治食譜 ▶ P.46

綠色的青豆仁是點綴粉紅色明太子薯泥的重要角色，請一定要記得加入！將櫻花蝦換成燙熟的魩仔魚也非常美味。

材料（約 17 大匙）

明太子 ……1/2 個
櫻花蝦（汆燙過）……20g
洋蔥（切薄片）……30g
馬鈴薯（切小丁）……270g
青豆（冷凍）……20g
檸檬汁 ……1/2 大匙
美乃滋 ……1 大匙
鹽 ……適量

作法

1 洋蔥用 2.5% 的鹽水浸泡 20 分鐘，用水沖洗過後瀝乾水分。再用廚房紙巾重複 2 次擰乾水分。青豆請汆燙解凍後將水分擦乾。

2 馬鈴薯放入沸水鍋中，燙到可以用竹籤或筷子輕鬆刺穿的程度。燙熟後瀝乾水分，再倒回鍋內開火，一邊搖動鍋子一邊將水分蒸發，接著用木鏟壓碎到稍微留點顆粒。趁熱加入作法 1 的洋蔥、檸檬汁、少許鹽，整體攪拌均勻使其散熱。

3 櫻花蝦用平底鍋稍微乾炒 1 分鐘。明太子剝皮後取出，跟美乃滋一起倒入作法 2 拌勻。最後加入櫻花蝦、作法 1 的青豆輕輕攪拌。

★成品也可以直接當作沙拉食用。

甜菜根馬鈴薯抹醬

三明治食譜 ▶ P.47

一開始看到甜菜根帶有衝擊性的紅紫色或許會被嚇一跳，但是味道卻與外觀顏色相反，是相當柔和的味道。可以使用罐頭甜菜根，不過如果有新鮮的甜菜根最好還是使用新鮮的，這樣做出來的顏色會更加鮮豔喔！

保存期限 ● 約 5 天

材料（約 19 又 1/2 大匙）

馬鈴薯＊（切小丁）……270g
甜菜根＊＊……70g
洋蔥（切薄片）……20g
美乃滋 ……3 大匙
檸檬汁 ……1/2 大匙
醋 ……少許
鹽、胡椒 ……適量
＊建議使用比較有黏性的品種，如 May Queen 等。
＊＊如為罐頭裝請用 2 顆。

作法

1 馬鈴薯放入沸水鍋中，燙到可以用竹籤或筷子輕鬆刺穿。燙熟後瀝乾水分，再倒回鍋內開火，一邊搖動鍋子一邊將水分蒸發，接著用木鏟壓碎到稍微留點顆粒。加入少許鹽、檸檬汁後輕輕攪拌使其散熱。

2 洋蔥用 2.5% 鹽水浸泡 20 分鐘，用水沖洗過後瀝乾水分。再用廚房紙巾重複 2 次擰乾水分。

3 甜菜根連皮對切成一半後放入小鍋內，加水稍微淹蓋過甜菜根，再加入醋及少許鹽後開火，煮到變軟為止。燙好後去皮切成扇形，用廚房紙巾擦乾水分。

4 將作法 2、3 及美乃滋倒入作法 1 拌勻，再加入鹽、黑胡椒調味。

★成品也可以直接當作沙拉食用。

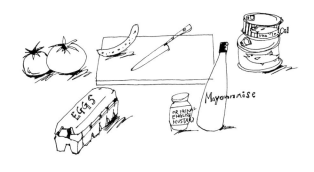

酪梨優格

三明治食譜 ▶ P.66

酪梨抹醬幾乎都是使用美乃滋當作基底，在這邊將美乃滋改成優格讓味道變得更清爽。也可以用來搭配蔬菜棒喔！

保存期限 ● 當天食用

材料（約 5 大匙）

A[
酪梨（切小丁）……1/2 顆
去水優格 ……1 大匙
檸檬汁 ……1/2 大匙
]
蔥（切蔥花）……2 ～ 3 根
鹽、胡椒 ……少許

作法

1 將材料 A 一邊攪拌一邊將酪梨壓碎保留顆粒。
2 加入蔥輕輕攪拌，再加入鹽、胡椒調味。試吃味道如果太酸可以加一點糖調味。

★如果是當作沾醬使用，優格不用去水也沒關係。

〈去水優格〉

將濾網疊放在調理碗上，鋪上廚房紙巾，把 1 盒（400 ～ 500g）原味優格放在紙巾上過濾水分。途中請更換 2 ～ 3 次紙巾。濾乾到優格剩下 1/3 ～ 1/4 的量即可。

茄子抹醬

保存期限 ● 約 2 天

三明治食譜 ▶ P.74

在歐洲或中東地區會將茄子與番茄等食材混合在一起製成抹醬，搭配茗荷就可以做成和風抹醬。雖然有點費工，但是把茄子烤過再剝皮製成抹醬，味道會更好。

材料（約 4 又 1/2 大匙）

茄子 ……1 根
茗荷 ……1 個
A[
白芝麻醬 ……1/2 小匙
蒜泥 ……1/8 小匙
檸檬汁 ……1 小匙
橄欖油 ……1 小匙
]
鹽 ……適量

作法

1 茄子連皮放在烤網上烤到全黑，再趁熱剝皮。茗荷切末後泡水，瀝乾水分後再用廚房紙巾吸乾水分。
2 把作法 1 的茄子與材料 A 倒入磨缽一直研磨到滑順為止，再加入作法 1 的茗荷輕輕拌勻。最後用鹽調味。

蘑菇抹醬

三明治食譜 ▶ P.78

這款抹醬非常適合用在燒烤三明治上，一定要在剛做好、熱騰騰的時候馬上品嚐。如果當作醬汁使用，可搭配香煎雞肉或白肉魚。

保存期限 ● 當天食用

材料（約6大匙）

蘑菇 ……110g
奶油 ……2 小匙
低筋麵粉 ……1 小匙
牛奶 ……3 大匙
A ⎡ 藍起司 ……10g
　⎣ 顆粒芥末醬 ……1 小匙

作法

1 將蘑菇縱切一半後再切成薄片，奶油放入鍋中加熱融化，開小火將蘑菇炒到變軟為止。
2 將低筋麵粉撒入鍋中均勻拌炒，再加入2 大匙牛奶拌炒。材料 A 倒入拌勻，最後倒入剩下的牛奶攪拌到變濃稠狀。

咖哩洋蔥抹醬

三明治食譜 ▶ P.94

加入雞肉或海鮮等各式各樣的食材拌勻，就可以做成味道豐富的咖哩抹醬。只要塗一些在漢堡上，夾入土菜就是好吃的咖哩肉堡或咖哩魚堡喔！

保存期限 ● 約 1 週

材料（約4大匙）

A ⎡ 洋蔥（切粗丁）……75g
　│ 咖哩粉 ……1 小匙
　⎣ 薑黃粉 ……1 小撮
B ⎡ 白酒 ……2 大匙
　⎣ 番茄醬 ……1 小匙
橄欖油 ……1 小匙

作法

1 用一個小平底鍋加熱橄欖油，依序加入材料 A 用中火拌炒到香氣釋出為止。
2 倒入材料 B 拌勻後轉小火，拌炒 6 ～ 7 分鐘直到水分收乾，稍微放涼使其散熱。

山椒雞蛋抹醬

三明治食譜 ▶ P.43

山椒風味的抹醬
非常下酒。美乃
滋少一些，抹醬
夾入吐司醬料就
不會溢出來，形
成完美切面。

保存期限 ● 約 2 天

材料（約 4 大匙）

水煮蛋（切碎）……1 顆
山椒粒＊（佃煮）……1 大匙
A ┌ 美乃滋……1 大匙
　└ 檸檬汁……1 小匙
鹽……適量

＊新鮮山椒粒請汆燙後用平底鍋乾炒 1 分鐘。如
果是鹽漬山椒粒，請直接用平底鍋乾炒 1 分鐘。
▶ P.108

作法

將山椒粒輕輕研磨壓碎，讓香氣散出。
加入水煮蛋、材料 A 攪拌均勻。最後用
鹽調味。

★如果可以買到山椒葉，最後再加入約
20 片撕碎的山椒葉拌進去。

塔塔醬

保存期限 ● 約 2 天

大家都知道塔塔醬和海
鮮類是好拍檔，搭配竹
筴魚或蝦子非常好吃。

三明治食譜 ▶ P.104

材料（約 7 大匙）

水煮蛋（切碎）……1 顆
洋蔥（切薄片）……1/8 顆
A ┌ 酸黃瓜＊（切碎）……3 根
　│ 巴西里（切碎）……1 大匙
　│ 美乃滋……1 又 1/2 大匙
　│ 檸檬皮（磨屑）……1/3 顆
　└ 檸檬汁……1 小匙

＊被稱為 Cornichon 的迷你醋漬條瓜，
可以在超市購得。▶ P.108

作法

1 洋蔥先用 2.5% 鹽水泡
 20 分鐘，以水沖洗後
 瀝乾。再用廚房紙巾
 重複 2 次擰乾水分。
2 作法 1、水煮蛋、材料
 A 攪拌均勻。

辣根起司

保存期限 ● 約 3 天

材料（約 2 又 1/2 大匙）

奶油起司＊（常溫放軟）……2 大匙
辣根＊＊……1/2 大匙
檸檬皮（磨屑）……1/2 顆
檸檬汁……少許

＊如果用馬斯卡彭起司味道會更溫和，換
成卡特基乳酪會更營養。
＊＊可以使用條或瓶裝的市售辣根。
▶ P.109

三明治食譜 ▶ P.41

一提到辣根就想到烤牛
肉，但辣根溫和的辣度
和煙燻鮭魚也很對味喔。

作法

把奶油起司輕輕拌成泥狀，
再加入剩下的材料攪拌均勻。

蜂斗菜古岡左拉起司

[材料] （約 3 大匙）

佃煮蜂斗菜 ▶ P.109
（切碎）…………30g
古岡左拉起司……20g
橄欖油……1 大匙

三明治食譜 ▶ P.68

蜂斗菜與古岡左拉起司結合，味道一點也不衝突，和叉燒肉、肉醬凍及火腿等味道強烈的食材搭配，就是美味的下酒菜三明治。

保存期限 ● 約 1 週

[作法]

1 用手將古岡左拉起司撕成小塊放入調理碗中。
2 在平底鍋中倒入橄欖油、蜂斗菜，以中火拌炒約 1 分鐘。連油一起倒入作法 1 中，用湯匙快速拌勻溶解起司。

酸奶油藍起司

三明治食譜 ▶ P.100

夾生火腿做成普通三明治，或是跟臘腸夾在一起做成熱的燒烤三明治，都可以享受到不同的風味。

保存期限 ● 約 3 天

[材料] （約 3 大匙）

藍起司……10g
酸奶油……1 大匙
美乃滋……1 大匙
核桃（搗碎）……2 個

[作法]

將所有材料充分攪拌均勻。

蜂蜜優格

保存期限 ● 約 3 天

三明治食譜 ▶ P.84.85

甜點三明治不可或缺的抹醬。蜂蜜甜甜的香氣與清爽的優格組合，美味度完全不輸給人人愛的鮮奶油。

[材料] （約 3 又 1/2 大匙）

去水優格（P.54）……3 大匙
蜂蜜……1 又 1/2 大匙

[作法]

將所有材料充分攪拌均勻。

優格伍斯特抹醬

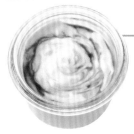

[材料] （約 3 大匙）

優格……2 又 1/2 大匙
伍斯特醬……1 大匙
鹽、胡椒……適量

[作法]

優格加入伍斯特醬拌勻，最後用鹽、胡椒調味。

三明治食譜 ▶ P.102

清爽優格加上辛香伍斯特醬，搭配厚實的肉類三明治有去油解膩的效果喔！

保存期限 ● 約 3 天

海鮮・肉類・豆類抹醬

檸香鮪魚抹醬

三明治食譜 ▶ P.45

酸酸的檸檬非常適合搭配冰涼白酒。抹醬中加入大量的香菜帶有濃濃的亞洲風味，可以充分享受到檸檬與香菜融合在一起的美妙滋味。

保存期限 ● 約 2 天

材料（約 5 又 1/2 大匙）

鮪魚（油漬）……80g
洋蔥（切末）……15g
A ┌ 檸檬汁……1/2 大匙
　├ 檸檬皮（磨屑）……1/2 顆
　└ 美乃滋……1 又 1/2 大匙
香菜（切末）……1 株
鹽、胡椒……適量

作法

1 洋蔥用 2.5% 鹽水浸泡 20 分鐘，以水沖洗過後瀝乾水分，再用廚房紙巾重複 2 次擰乾水分。鮪魚弄碎後以廚房紙巾包住吸乾水分。
2 作法 1 再加入材料 A 攪拌均勻，用鹽、胡椒調味，最後加入香菜輕輕拌勻。

黑橄欖鮪魚抹醬

三明治食譜 ▶ P.44

罐裝黑橄欖有一種獨特的味道，如果加入橄欖油、蒔蘿等香草、蒜末，油漬一個晚上，就可以除去罐頭的特殊味道，讓黑橄欖變得非常美味。

保存期限 ● 約 2 天

材料（約 10 大匙）

洋鮪魚（油漬）……70g
蔥（切蔥花）……1 小匙
A ┌ 鯷魚（菲力）……1 片
　├ 黑橄欖（去籽）……12 顆
　├ 酸黃瓜＊（擦乾水分）……3 根
　├ 檸檬汁……1 小匙
　├ 橄欖油……1/2 大匙
　└ 蒜頭（切薄片）……1 瓣
鹽、胡椒……適量
＊被稱為 Cornichon 的迷你醋漬條瓜，可以在超市購得。▶ P.108

作法

1 將鮪魚湯汁瀝乾後壓碎，加入蔥花輕輕拌勻。
2 材料 A 倒入攪拌器絞碎後，加入作法 1 中拌勻。最後用鹽、胡椒調味。

煙燻鮭魚 & 鮭魚卵抹醬

三明治食譜 ▶ P.40

這款抹醬充滿鮭魚肉及鮭魚卵，不僅能夾入麵包做三明治，也可以多加一些奶油起司做成有濃郁起司味的沾醬，用來搭配開放式三明治。

保存期限 ● 約 2 天

材料（約 3 又 1/2 大匙）

煙燻鮭魚＊（切碎）……50g
鮭魚卵 ……1 小匙
A ┌ 奶油起司 ……2 小匙
  │ 檸檬汁 ……1 小匙
  └ 鮮奶油 ……1 小匙
百里香（只用葉子）……2 枝
鹽、黑胡椒 ……適量
＊用削切下來的碎肉塊即可。

作法

1 將材料 A 拌勻，攪拌至柔順為止。加入煙燻鮭魚及百里香拌勻。
2 加入鮭魚卵輕輕拌勻，用鹽、黑胡椒調味。

竹筴魚乾抹醬

三明治食譜 ▶ P.74

奶油風味的馬鈴薯泥加上隨手可得的魚乾，變出特別的法式抹醬。也可以用其他種類的魚乾變化口味。

保存期限 ● 約 5 天

材料（約 13 大匙）

竹筴魚乾 ……2 片
馬鈴薯（切小丁）……150g
蒜頭（切半）……1 瓣
A ┌ 鮮奶油 ……1 大匙
  └ 牛奶 ……1 大匙
奶油 ……1 大匙
巴西里葉（切末）……1 大匙
鹽、黑胡椒 ……適量

作法

1 竹筴魚乾烤過後去骨，用手將魚肉撕碎。
2 將馬鈴薯與蒜頭放入鍋中，加水稍微淹過馬鈴薯，將馬鈴薯煮到可用竹籤或筷子輕鬆刺穿，撈起瀝乾水分，再倒回鍋中開火，搖晃鍋子使水分蒸發。
3 作法 2 的馬鈴薯趁熱用篩網壓成泥狀，倒回鍋中加入材料 A，開小火煮到變黏稠後關火，加入奶油拌勻。（馬鈴薯也可以直接用搗碎器壓成柔順泥狀。）
4 把作法 1、巴西里加入作法 3 中輕輕拌勻，再用鹽、胡椒調味。

培根抹醬

三明治食譜 ▶ P.76

香脆培根變為讓人一吃就上癮的抹醬！意想不到的是竟然和白飯也很搭，用培根做成海苔捲，也可以品嚐到新奇的美味。

保存期限 ● 約 5 天

材料（約 5 大匙）

培根（切薄片）……2 片
洋蔥（切碎）……25g
A ┌ 巴西里葉 ……3 枝
  │ 奶油起司（常溫放軟）…30g
  │ 美乃滋……2 小匙
  └ 黃芥末醬……2 小匙
橄欖油……1 小匙
鹽……適量

作法

1 平底鍋不放油，直接將培根放入鍋中以小火煎烤。用廚房紙巾擦去培根加熱逼出的油，煎至兩面酥脆後取出。
2 橄欖油倒入作法 1 的平底鍋中加熱，開中火將洋蔥炒軟，稍微放涼散熱。
3 用攪拌器將作法 1 的培根打碎後取出。
4 輕輕攪拌作法 2，加入材料 A 拌至滑順，再加入作法 3 拌勻，最後用鹽調味。

煙燻牡蠣 & 春菊抹醬

三明治食譜 ▶ P.78

煙燻牡蠣及春菊特有的香氣用柔和的優格調出成熟風味。在品嚐鱈魚鍋這類清爽的火鍋時，也可以把抹醬加在火鍋沾醬中使用。

保存期限 ● 約 3 天

材料（約 9 大匙）

煙燻牡蠣（罐頭、油漬）…45g
春菊……135g（約 10 根）
去水優格（P.54）……2 大匙
鹽……適量

作法

1 將春菊的梗、葉分開，梗切成 3 等分。梗及葉汆燙一下，再以流動的水冷卻，用手將水分擰乾。
2 將牡蠣、作法 1 和其他材料放入攪拌器，拌至春菊變細碎。試吃味道若不夠鹹再加一點鹽調味。

雞肝醬

三明治食譜▶ P.106

用巴沙米可醋煮雞肉，本身就是一道美味的單品料理。建議可以一次多做一些冷藏保存，直接當作小菜吃非常方便。

保存期限 ● 約 5 天

材料（約 12 大匙）

▼巴沙米可醋煮雞肉
　雞肝 ……200g

　　┌ 巴沙米可醋 …1 大匙
　A │ 醬油 ……1 大匙
　　└ 白酒 ……1 大匙
　洋蔥（切碎）…… 50g
　西洋芹（切碎）…… 30g
　白酒 ……2 小匙
　奶油（常溫放軟）……2 大匙
　橄欖油 ……2 小匙

作法

1 雞肝切成 3 等分，切除暗紅色部位及血塊，用清水清洗數次。
2 把作法 1、材料 A 以中火煮滾，轉小火加蓋煮 6 ～ 7 分鐘。開蓋後轉中火，煮到水分收乾。
3 平底鍋加熱橄欖油，倒入洋蔥、西洋芹炒軟，加入白酒轉小火，再拌炒 3 分鐘。
4 將作法 2、3 及奶油倒入攪拌器，拌至變成泥狀為止。

鷹嘴豆泥抹醬

材料（約 11 大匙）

鷹嘴豆（水煮）……100g
蒜頭……2 小瓣
白芝麻醬……1 大匙
橄欖油……2 大匙
優格……2 大匙
檸檬汁……1/2 大匙
孜然粉……1/2 小匙
香菜粉……1/2 小匙
卡宴辣椒粉＊……1 小撮
鹽……適量

＊ Cayenne pepper，也可以用紅辣椒粉（一味唐辛子）代替。

三明治食譜▶ P.99

孜然粉或香菜粉為這道抹醬增添不少異國風味，塗抹醬的時候，如果覺得太過濃稠，可以加入一些橄欖油拌勻，讓抹醬變得更滑順。

保存期限 ● 約 5 天

作法

將卡宴辣椒粉以外的材料倒入攪拌器中，拌至變滑順的泥狀。加入卡宴辣椒粉稍微拌勻，最後用鹽調味。

黃桃起司抹醬

保存期限 ● 約 2 天

三明治食譜 ▶ P.86

加入少許吉利丁，抹醬更容易延展塗抹。因為想要保有黃桃鮮豔的黃色，起司的量可以少加一些，不過還是能吃得到起司的香味。

材料（約 10 大匙）

黃桃（罐頭）……200g
馬斯卡彭起司 ……15g
蘭姆酒（黑蘭姆 Dark Rum）
……………………1 ～ 2 滴
吉利丁（加 25ml 水）……2.5g

作法

1 擦乾黃桃的水分，將黃桃與蘭姆酒倒入攪拌器拌成泥狀。
2 馬斯卡彭起司加入作法 1 和加水溶解的吉利丁，攪拌均勻。放冰箱冷藏 1 小時使其凝固。

藍莓紅豆泥

保存期限 ● 約 2 週

三明治食譜 ▶ P.87

果醬水分完全蒸發後，就會變成甜味明顯的水果紅豆泥。稍微留點水分，則會有溼潤的口感。請依照喜好調整水分多寡。

材料（約 4 大匙）

市售紅豆泥（無顆粒）……50g
藍莓果醬（低糖）……50g

作法

把所有材料倒入小鍋子中，用耐熱膠鏟攪拌均勻。開小火煮到果醬的水分完全收乾為止。

柳橙紅豆泥

保存期限 ● 約 2 週

三明治食譜 ▶ P.87

使用有柳橙果肉的果醬，更有新鮮水果的感覺。柳橙果醬跟洋酒非常搭配，請記得要加一點點酒增添風味。

材料（約 4 又 1/2 大匙）

市售紅豆泥（無顆粒）……65g
柳橙果醬（低糖）……50g
蘭姆酒＊（黑蘭姆 Dark Rum）
…………………1/2 小匙

＊也可以使用君度橙酒或柑曼怡香橙干邑甜酒等，用柳橙做成的利口酒。

作法

把紅豆泥、柳橙果醬倒入鍋中，用耐熱膠鏟攪拌均勻後開小火，倒入蘭姆酒，煮到果醬的水分收乾為止。

甜麵醬抹醬

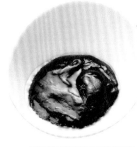

保存期限 ● 約 10 天

三明治食譜 ▶ P.68

這款抹醬味道比較濃厚，所以只要塗薄薄一層就可以。抹醬冷掉會凝固不方便使用，此時可稍微加熱後再塗抹。

材料（約 4 大匙）

甜麵醬 ……3 大匙
砂糖 ……2 大匙
紹興酒 ……1 大匙
芝麻油 ……1 大匙
水 ……1 大匙

作法

1 紹興酒倒入小鍋子開火加熱，快煮滾前關火。
2 把其他材料都倒入鍋中，開小火加熱。用耐熱膠鏟一邊攪拌一邊煮到變濃稠，為了避免燒焦，可以適時將鍋子離火。

辣味番茄抹醬

保存期限 ● 約 1 週

三明治食譜 ▶ P.99

如果想要增加辣味，可以搭配其他抹醬使用，如鷹嘴豆泥三明治。也可以拌入義大利麵，當作辣味番茄醬使用。

材料（約 9 大匙）

整粒番茄（罐頭）……1 罐（400g）
紅辣椒（去籽切末）……1 根
伍斯特醬 ……2 小匙
鹽 ……1 小匙

作法

1 把整粒番茄與紅辣椒倒入鍋中開小火，用木鏟一邊把番茄壓碎一邊攪拌。
2 加入其他材料，一邊攪拌一邊煮到水分收乾為止。

咖哩番茄抹醬

保存期限 ● 約 5 天

三明治食譜 ▶ P.101

吃熱狗時不可或缺的抹醬。塗在燙熟的馬鈴薯上，再加上起司用烤箱烘烤，就是一道簡單又適合搭配啤酒的小菜。

材料（約 2 大匙）

咖哩粉 ……1 小匙
番茄醬 ……2 大匙
伍斯特醬 …2 小匙
橄欖油 ……2 小匙

作法

1 將橄欖油及咖哩粉倒入平底鍋，開中火炒到咖哩的香氣釋出。
2 加入其他材料拌炒到沸騰為止。

Part 3

揭開三明治美味的秘密

新食感抹醬三明治

接下來要介紹抹醬和豐富食材搭配的多層次抹醬三明治，
像是熱騰騰的燒烤三明治或是賞心悅目的甜點三明治等。
每一種都具有獨特的風味，
不妨一次多做幾種口味品嚐看看喔！

（（烤牛肉三明治））

用綠芥末奶油取代辣根，做成日式口味。
微甜巴沙米可醋美乃滋可使味道更加豐厚。

● **材料**

吐司（8片切）……2 片
烤牛肉 ……4 ～ 5 大片
西洋菜 ……適量
A ┌ 醬油 ……2 小匙
　└ 巴沙米可醋 ……1 大匙
綠芥末奶油 ▶ P.48 ……1/2 大匙
巴沙米可醋美乃滋 ▶ P.51
…………1 又 1/2 大匙

● **作法**

1 將材料 A 拌勻，放入烤牛肉徹底沾附
　醬汁。
2 兩片吐司單面塗上綠芥末奶油。
3 作法 2 的一片吐司重複塗上巴沙米可
　醋美乃滋，依序放上作法 1、西洋菜，
　蓋上另一片吐司。
4 加壓約 15 分鐘後，切除吐司邊再切成
　2 等分盛盤。

（（鮮蝦酪梨三明治））

這是在英國留學時學會的抹醬，清爽的美
味獨具魅力。我習慣用優格代替美乃滋，
將酪梨與優格拌在一起使用。

● **材料**

吐司（8片切）……2 片
小蝦子（帶殼）……10 尾
太白粉 ……1/2 大匙
A ┌ 酒 ……1 大匙
　├ 鹽 ……1 小匙
　└ 水 ……1 杯
酪梨優格 ▶ P.54 ……4 大匙
黃芥末美乃滋 ▶ P.50 ……1/2 大匙

● **作法**

1 蝦子不剝殼去腸泥，撒太白粉輕輕搓
　揉，用流動的水洗淨後瀝乾。
2 材料 A 及作法 1 倒入鍋中開火，快煮
　滾前關火。冷卻後撈起蝦子用廚房紙
　巾將水吸乾。
3 一片吐司單面塗上一半酪梨優格，鋪
　上作法 2，再用另一半酪梨優格填滿
　蝦子空隙。
4 另一片吐司塗上黃芥末美乃滋、蓋上
　作法 3，用保鮮膜緊緊包住後冷藏 20
　分鐘。切除吐司邊再切成 4 等分裝盤。

Roasted Beef Sandwich.

Prawn & Avocado Sandwich

叉燒三明治二重奏

甜麵醬抹醬是中華風味的靈魂，而蜂斗菜起司叉燒三明治則是美味變化球。
用叉燒做成兩種口味，美味訣竅在於依據不同抹醬調整叉燒肉片的厚度！

（ 甜麵醬叉燒三明治 ）

● 材料

吐司（10 片切）……2 片
叉燒肉（3mm 厚）……3～4 片
蒜苗 ……5cm
小黃瓜（斜切 1mm 厚）……6～7 片
辣油 ……2～3 滴
黃芥末美乃滋 ▶ **P.50** ……1/2 大匙
甜麵醬抹醬 ▶ **P.63** ……2 小匙

（ 蜂斗菜起司 叉燒三明治 ）

● 作法

1 將蒜苗最外層皮剝掉，從中間切入將
芯去除並切絲。用水浸泡後撈起瀝乾，
再用廚房紙巾將水分吸乾，加入辣油
拌勻。
2 兩片吐司單面塗黃芥末美乃滋。
3 作法 2 的一片吐司重複塗上甜麵醬抹
醬，將小黃瓜、叉燒肉平鋪上去，平
均撒上蒜苗。
4 蓋上另一片吐司，加壓 10 分鐘。切除
吐司邊後，切成 4 等分裝盤。

● 材料

吐司（10 片切）……2 片
叉燒肉（5mm 厚）……3 片
黃芥末奶油 ▶ **P.48** ……1/2 大匙
蜂斗菜古岡左拉起司 ▶ **P.57**
……………………………2 大匙

● 作法

1 兩片吐司單面塗上黃芥末奶油。
2 作法 1 的一片吐司重複塗上蜂斗菜古
岡左拉起司，放上叉燒肉。蓋上另一
片吐司加壓 10 分鐘。
3 切除吐司邊後，切成 4 等分裝盤。

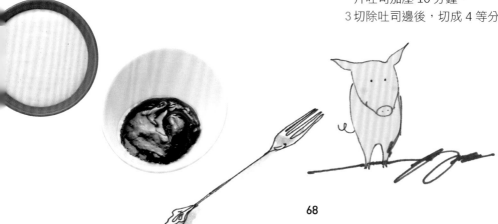

Rosted Pork Fillet Sandwich

with Sweet Flour Paste Spread.

with Butterbur Scape & Gorgonzola Spread.

（（ 蓮藕海苔三明治 ））

在水中多加一點醋和鹽汆燙蓮藕，事先讓蓮藕入味，之後就不用再加鹽，也就不會有多餘的水分釋出。是一款充滿濃濃海苔香氣的和風三明治。

● 材料

吐司（10 片切）……2 片
蓮藕（直徑 5cm）……2cm
A ┌ 醋 ……25ml
　├ 鹽 ……1 小匙
　└ 水 ……100ml
燒海苔（8 片切）……2 片
柚子胡椒美乃滋 ▶ P.52 ……2 大匙

● 作法

1 蓮藕切成 2mm 厚的圈狀。把材料 A 煮滾後，放入蓮藕汆燙 3 分鐘再撈起瀝乾，稍微散熱後用廚房紙巾徹底將水分吸乾。

2 兩片吐司單面塗柚子胡椒美乃滋。

3 將作法 1 的蓮藕鋪滿在作法 2 一片吐司上，把燒海苔放在另一片吐司上，將 2 片吐司夾起來，加壓 15 分鐘。

4 切除吐司邊後，切成 4 等分裝盤。

Seaweed

Lotus Root Sandwich.

((法式紅蘿蔔絲三明治))

涼拌紅蘿蔔絲是法國的家常料理，也就是把刨絲的紅蘿蔔拌油醋醬汁做成一道沙拉。紅蘿蔔絲在這裡搭配紫色高麗菜，塗上薑泥奶油，變成帶有薑味的營養三明治。

● 材料

吐司（8片切）……2 片
紅蘿蔔（切絲）……1/2 根
紫高麗菜（切絲）……40g
巴西里（切末）……1 小匙

A ┌ 黃芥末＊……1 小匙
　│ 橄欖油 ……1 小匙
　└ 檸檬汁 ……1 小匙

鹽、胡椒 ……適量
薑泥奶油 ▶ P.49 ……1 大匙

＊建議使用味道溫和不嗆辣的法國勃根地區第戎（Dijon）產的芥末醬。▶ P.109

● 作法

1 將材料 A 充分拌勻。
2 紫高麗菜用熱水淋過後瀝乾，取 1 小匙作法 1 加到高麗菜中拌勻。將紅蘿蔔絲、巴西里放在另一個碗中，倒入剩下的作法 1 拌勻。
3 兩片吐司單面塗上薑泥奶油。
4 把作法 2 材料依序平鋪到作法 3 一片吐司上，再蓋上另一片吐司。加壓 10 分鐘後，切除吐司邊，再切成 2 等分裝盤。

Carottes Rapees Sandwich.

（（ 竹筴魚乾三明治 ））

用魚乾加上奶油做成西式抹醬。三明治中
濃濃的綜合胡椒香辣味是一大特點。

● 材料

吐司（8 片切）……2 片
綜合胡椒美乃滋 ▶ P.51 ……1/2 大匙
竹筴魚乾抹醬 ▶ P.59 ……4 大匙

● 作法

1 兩片吐司單面塗綜合胡椒美乃滋。
2 作法 1 的一片吐司重複塗上竹筴魚乾抹
　醬，蓋上另一片吐司，加壓 15 分鐘。
3 切除吐司邊後，沿對角線切成 4 等分
　裝盤。

（（ 茄子豬肉三明治 ））

豬肉夾心三明治加上茄子抹醬，就是一道
清爽又健康的餐點。

● 材料

吐司（10 片切）……2 片
豬肩里肌火鍋片 ……3 ～ 4 片
A ⌈ 酒 ……30ml
　⌊ 水 ……1 杯
橄欖油 ……1 小匙
豆苗 ……1 個手掌分量
黃芥末奶油 ▶ P.48 ……1/2 大匙
茄子抹醬 ▶ P.54 ……2 大匙

● 作法

1 材料 A 倒入小鍋子開大火，煮沸後倒
　入橄欖油。將豬肉片攤開放入鍋中，
　水滾後關火，撈起瀝乾水分，再用廚
　房紙巾吸乾。
2 兩片吐司單面塗上黃芥末奶油。
3 作法 2 的一片吐司重複塗上茄子抹醬，
　鋪上作法 1 的豬肉片不留空隙，再將
　豆苗放在上面。蓋上另一片吐司，加
　壓 15 分鐘。
4 切除吐司邊後，切成 3 等分裝盤。

Aubergine & Pork Sandwich.

Horse Mackerel of Dried Fish Sandwich.

（培根醬蘋果三明治）

培根抹醬中帶著起司的香氣，和蘋果結合在一起形成有時尚感的美味。
整齊排在吐司邊緣的蘋果薄片像飛出的翅膀，看起來非常華麗。

● **材料**

吐司（10 片切）……2 片
蘋果（切 2mm 厚半月形）…1/4 顆
檸檬汁……1 大匙
培根抹醬 ▶ P.60 ……2 大匙
檸檬奶油 ▶ P.49 ……1/2 大匙

● **作法**

1 將檸檬汁倒在蘋果片上，讓蘋果片均勻吸收檸檬汁。

2 切除吐司邊，一片吐司單面塗上培根抹醬，鋪上作法 1 不留空隙。蘋果片超出吐司左右兩側 1cm。

3 另一片吐司塗上檸檬奶油，蓋上作法 2，加壓 10 分鐘。對半切 2 等分裝盤，兩側蘋果片朝上擺放。

蘋果片這樣放，擺盤看起來特別又漂亮

蓋上另一片吐司後再對切成一半

Bacon Bits & Apples Sandwich.

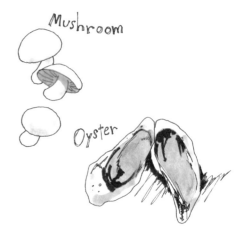

培根炒菇燒烤三明治

可以挑選自己喜歡的菇類搭配，建議至少準備三種，讓菇類的香氣更濃厚。因為是燒烤三明治所以記得要趁熱吃喔！

● 材料

吐司（8 片切）……2 片
菇類（鴻喜菇、杏鮑菇、蘑菇等）…共 35g
培根（切半）……1 片
橄欖油……1 小匙
鹽、黑胡椒……適量
黃芥末奶油 ▶ P.48 ……1/2 大匙
蘑菇抹醬 ▶ P.55 ……3 大匙

● 作法

1 切除香菇梗。鴻喜菇用手剝開、杏鮑菇用手撕開、蘑菇切成薄片。
2 平底鍋加熱橄欖油，以中火拌炒作法1 的菇類，再加入培根煎到兩面焦香，全部拌炒均勻。先取出培根，菇類撒上鹽、黑胡椒拌炒均勻。
3 兩片吐司雙面用烤盤烤到焦香呈金黃色，單面塗上黃芥末奶油後，再塗上蘑菇抹醬。
4 把培根、菇類依序放在作法 3 的一片吐司上，再蓋上另一片吐司。對半切成 2 等分裝盤。

牡蠣培根燒烤三明治

充滿鮮味的煙燻牡蠣抹醬與煙燻培根，帶來美味加分的效果，成為一道超讚的下酒菜三明治，搭配威士忌享用非常對味。

● 材料

吐司（8 片切）……2 片
培根……2 片
黃芥末奶油 ▶ P.48 ……1/2 大匙
煙燻牡蠣 & 春菊抹醬 ▶ P.60
………………………………2 大匙

● 作法

1 平底鍋開中火，將培根煎到兩面焦香。
2 兩片吐司雙面用烤盤烤到焦香呈金黃色，單面塗上黃芥末奶油，再塗上煙燻牡蠣 & 春菊抹醬。
3 將培根放在作法 2 的一片吐司上，蓋上另一片吐司。用手輕壓吐司，對角線切成一半裝盤。

Smoked Oyster & Bacon Sandwich.

Mushroom & Bacon Sandwich.

Toast!

（（韓國泡菜燒烤三明治））

我曾經在人阪鶴橋的咖啡店吃過韓國泡菜二明治，那是加入玉了燒的豪華版三明治。此處將食材簡化一些，不過也可以吃到十足的大阪風味。泡菜的白色部分比較難咬斷，切碎比較方便吃。

● 材料

吐司（8片切）……2 片
韓國泡菜 ……50g
里肌火腿片 ……2 片
小黃瓜（切絲）……1/3 根
檸檬奶油 ▶ P.49 ……1/2 大匙
黃芥末美乃滋 ▶ P.50 ……1 大匙

● 作法

1 將泡菜梗切碎，用廚房紙巾吸乾水分。
2 兩片吐司用烤麵包機烤過後，單面塗上檸檬奶油，再塗上黃芥末美乃滋。
3 在作法 2 的一片吐司依序放上小黃瓜、火腿、作法 1 的泡菜，不留空隙。蓋上另一片吐司，對半切成 2 等分裝盤。

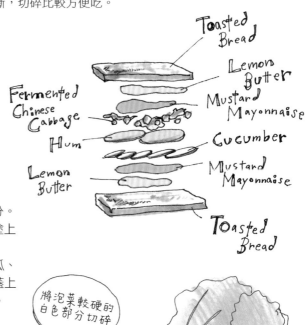

Toasted Bread
Fermented Chinese Cabbage
Hum
Lemon Butter
Lemon Butter
Mustard Mayonnaise
Cucumber
Mustard Mayonnaise
Toasted Bread

將泡菜較硬的白色部分切碎

Chinese Cabbage

Kimchi Sandwich.

（（ 香菜薄荷燒烤雞肉三明治 ））

氣味濃厚的香菜與清爽薄荷結合，可以輕鬆享受到中東或東南亞料理
這種充滿異國風情的口味。夾入煙燻彩椒雞肉，令人一吃就上癮。

● **材料**

吐司（8片切）……2 片
雞腿肉 ……1/3 片
煙燻彩椒粉＊……1 大匙
鹽、胡椒 ……適量
橄欖油 ……1 小匙
檸檬奶油 ▶ P.49 ……1/2 大匙
香菜薄荷抹醬 ▶ P.19
……………1～2 大匙
＊將彩椒煙燻後做成的粉末。▶ P.109

● **作法**

1 雞腿肉兩面均勻撒上鹽、胡椒，再均
　勻撒上煙燻彩椒粉。
2 平底鍋加熱橄欖油，作法 1 的雞皮朝
　下以小火慢煎。煎到出油後用廚房紙
　巾將油吸乾，雞肉變白色後翻面煎熟。
　煎至刺穿會流出透明肉汁即可起鍋，
　放涼冷卻後斜切 4mm 厚片狀。
3 兩片吐司雙面用烤盤烤到焦香呈金黃
　色，單面塗上檸檬奶油，再塗上香菜
　薄荷抹醬。
4 將作法 2 的雞腿肉平鋪在作法 3 的一
　片吐司、不留空隙，蓋上另一片吐司，
　對半切成 2 等分裝盤。

Chicken Sandwich
with Coriander & Spearmint
Spread.

（（巧克力香蕉三明治））

香蕉與巧克力的黃金組合，低糖黑巧克力能品嚐到特殊苦甜
滋味。三明治用保鮮膜包住放在冰箱冷藏，吐司與香蕉巧克
力會變硬緊黏在一起，非常容易切開。

● **材料**

吐司（8片切）……2 片

香蕉（橫切一半）……1 根

巧克力＊（可可含量 70% 以上，切碎）

……………………3 大匙

檸檬奶油 ▶ P.49 ……1/2 大匙

蜂蜜優格 ▶ P.57 ……3 又 1/2 大匙

＊如果使用可可成分稍低、甜度較高的
巧克力，分量請改成 2 大匙。

● **作法**

1 兩片吐司單面塗上檸檬奶油與蜂蜜優
　格，巧克力平均撒在吐司上。

2 作法 1 的一片吐司排上香蕉，蓋上另
　一片吐司。用保鮮膜包緊，放冰箱冷
　藏 30 分鐘。

3 切除吐司邊後，切成 2 等分裝盤。注
　意要將香蕉橫切。

（（草莓優格三明治））

水果三明治中最具代表性的水果莫過於草莓。一般都是用鮮奶油搭配，此處則是改用蜂蜜優格，可以省略打發鮮奶油的步驟。使用小顆的草莓，切面會有非常可愛的圓形。

● **材料**

吐司（8 片切）……2 片
草莓＊（去蒂）……6 小顆
檸檬奶油 ▶ P.49 ……1/2 大匙
蜂蜜優格 ▶ P.57 ……3 又 1/2 大匙
＊選擇形狀比較圓的草莓，切面看起來會很誘人。

● **作法**

1 兩片吐司單面塗上檸檬奶油。一片吐司重複塗上蜂蜜優格，如插圖將草莓在吐司上排成 2 列、每列 3 顆。
2 蓋上另一片吐司，用保鮮膜包緊，放冰箱冷藏 30 分鐘。切除吐司邊後，切成 3 等分裝盤。

《 黃桃奶油三明治 》

用方便的罐頭黃桃做成抹醬夾心，省時又好吃。做好後放冰箱冷藏
就會變得很好切開，尤其黃桃奶油在冰過之後會更加美味喔！

● **材料**

吐司（10 片切）……2 片
檸檬奶油 ▶ P.49 ……1/2 大匙
黃桃起司抹醬 ▶ P.62 ……適量

● **作法**

1 兩片吐司單面塗上檸檬奶油，一片吐
司重複塗上黃桃起司抹醬。
2 蓋上另一片吐司後，用保鮮膜包緊，
放冰箱冷藏 30 分鐘。
3 切除吐司邊後，切成 4 等分裝盤。

（（水果紅豆泥三明治））

水果與紅豆泥激盪出甜而不膩的滋味。直接使用市售果醬，非常簡單就可以完成。可以多試試不同的果醬，變換各種酸甜口味。水果紅豆泥吃起來很清爽，多塗一點盡情享用吧！

● 材料

吐司（10 片切）⋯⋯2 片
檸檬奶油＊ ▶ P.49 ⋯⋯1 大匙
柳橙紅豆泥或藍莓紅豆泥 ▶ P.62
⋯⋯⋯⋯⋯⋯⋯⋯⋯⋯⋯⋯⋯⋯適量

＊使用含鹽奶油製作的話，微微的鹹度和紅豆泥一起吃，會讓紅豆和水果香味更突出。

● 作法

1 兩片吐司單面塗上檸檬奶油，一片吐司重複塗上紅豆泥抹醬。

2 兩片吐司夾起加壓 15 分鐘。切除吐司邊後，切成 2 等分裝盤。

87

廣泛使用在英國甜點上的人氣抹醬
只要 4 種材料就可以輕鬆完成！
手作自製的新鮮味道，跟市面上賣
的抹醬截然不同！

簡單不失敗！酸味帶勁的極致美味

英式檸檬蛋黃醬

● 材料（約360g）

雞蛋（常溫）……3 顆

A ┌ 檸檬皮＊（磨屑）……3 顆
　└ 檸檬汁……3 顆

奶油（常溫放軟，切1cm小丁）…60g

砂糖……100g

＊請使用無農藥、無蠟、無防腐劑的檸檬。

◀ 3 顆檸檬磨下
的皮屑。

④ 分多次少量倒入砂
糖，一邊攪拌使其
溶解。

① 雞蛋撈除白色繫帶
後打散，蛋液倒至
濾網用耐熱膠鏟刮
蛋液過篩。請使用
細一點的濾網過篩。

② 隔水蒸煮。準備一
鍋水，煮沸後放上
濾網，濾網的底部
不接觸熱水。

★之後要慢慢加熱蛋液使
其滑順，水溫請保持 60 ～
70℃，不能過高。

⑤ 倒入作法 1，用木鏟
持續攪拌 15 分鐘，
拌至用木鏟劃一下
鍋底，稍微可看見
鍋底的濃稠度即可。

③ 將奶油放入單柄鍋
中，疊放在濾網上
加熱，融化後倒入
材料 A 攪拌。

⑥ 趁熱將作法 5 用細
濾網過篩，倒入煮
沸消毒過的玻璃容
器中，冷藏保存。

歐洲美味三明治之旅

德國不來梅市（Bremen）著名路邊攤
A.Stockhinger & Sohn 的烤香腸

夾著滿滿蟹肉的三明治

我在國外旅遊的一大樂趣，是到處去品嚐當地路邊攤或超市中的三明治。午餐時間，看到車站商店窗口排成整面的三明治，光是欣賞就覺得很美味。在那裡我吃到了英國加冕雞沙拉三明治及德國的咖哩香腸堡等。

法國巴黎路邊攤賣的不是可頌，而是熱狗。在法國麵包上夾著香腸再加上滿滿的起司，非常有法式風味。英國倫敦百年市場中（Borough Market）販賣各式各樣生鮮食品，有很多美味的小吃及路邊攤聚集。我也是在這裡第一次吃到小羊排漢堡，搭配啤酒一起吃真是令人難以忘懷。

最近到德國各地車站看到的是海鮮三明治專賣店。除了鮭魚或螃蟹、蝦子可以作為夾料，就連醋漬鯡魚或煙燻鰻魚也可以拿來做三明治，種類多到眼花撩亂。在這之中我最喜歡的是醃鯡魚三明治（Matjes），白麵包中只夾著鹽漬小鯡魚與生菜，是一款相當簡單的三明治。這款鹽漬三明治完全沒有生魚肉的腥味，相信很多人都會喜歡，可惜這樣的三明治我們平常吃不到啊！

一想到世界各地還有著許多我沒吃過的三明治就感到非常興奮。能夠在當地品嚐是最開心的，不過如果能把味道記住，回家後試著自己下廚做做看，其實就是旅遊帶回來送自己最棒的禮物。

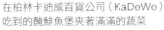
在柏林卡迪威百貨公司（KaDoWo）
吃到的醃鯡魚堡夾著滿滿的蔬菜

Part 4

在家獨享世界美味！
異國抹醬三明治

用抹醬襯托出各國三明治的美味。
不論是在歐洲吃過的味道，或是最近非常流行的無國界料理，
自己動手做的話，在家也能有出國旅行的氛圍。

● 材料

吐司（8 片切）……2 片

雞胸肉 ……1/3 片

白酒（或一般的酒）……50ml

鹽、胡椒 ……適量

A ┌ 美乃滋 ……1 大匙
　├ 綠葡萄乾＊（切碎）……1 又 1/2 小匙
　└ **咖哩洋蔥抹醬** ▶ P.55 ……1/2 大匙

檸檬奶油 ▶ **P.49** ……1/2 大匙

＊比起一般的黑葡萄乾更有酸味，吃完之後在嘴巴裡面有種清香的後韻。如果買不到的話，用一般葡萄乾 1 小匙代替也可以。▶ P.108

● 作法

1 將稍厚的雞胸肉斜斜切開，讓厚度一致。有皮的那一面用叉子戳幾下，兩面都撒上鹽與胡椒。

2 作法 1 的雞皮朝下放入平底鍋，倒入白酒、水稍微淹過肉。開大火煮沸後轉小火，肉熟了之後翻面，繼續煮約 1 分鐘後關火。用錫箔紙蓋住以餘溫繼續加熱，放至冷卻。

3 將作法 2 撕成塊狀，倒入材料 A 攪拌，再用鹽、胡椒調味。

4 兩片吐司單面塗上檸檬奶油。

5 把作法 3 的雞胸肉放在作法 4 的一片吐司上。蓋上另一片吐司，加壓約 20 分鐘。切除吐司邊後，對角線切成 4 等分裝盤。

（（ 英式加冕雞沙拉三明治 ））

英文稱 Coronation Chicken Sandwich，是在英國隨處可見的咖哩口味三明治。「Coronation」是戴冠加冕的意思，據說它曾經出現在現任女王伊莉莎白二世的加冕晚宴中。雖然是咖哩口味，但滑順的奶香充滿濃濃英國風。

● 材料

法國麵包 ……半條
鯖魚 * （一夜干）……半隻
煙燻木片 * *（櫻花樹）…25 ～ 30g
洋蔥（切薄片）……少量
豆苗 ……2 個手掌分量
綜合胡椒奶油 ▶ P.49 ……1 大匙
黃芥末美乃滋 ▶ P.50 ……1 大匙

＊建議使用進口的一夜干。
＊＊煙燻木片可以在量販店或網路購得。

● 作法

1 把鯖魚放在盤子上，於陰涼處靜置 1 小時。

2 將錫箔紙摺成方盒，煙燻木片放進錫箔盒，擺在中華鍋（炒鍋）中央開大火。冒煙後放上烤網，將作法 1 排在網上加蓋，轉小火煙燻 15 分鐘。燻到魚肉表面呈茶色後取出。散熱後放到冰箱靜置一晚。

3 洋蔥泡水約 20 分鐘後瀝乾水分，用廚房紙巾將水分吸乾。將作法 2 切成法國麵包的大小。

4 法國麵包橫切，從中央往上一點斜切，切面塗上綜合胡椒奶油，再塗上黃芥末美乃滋。

5 下半部麵包依序放上 半豆苗、作法 2 的鯖魚、作法 3 的洋蔥、一半豆苗，蓋上麵包後裝盤。

（（ 英式煙燻鯖魚三明治 ））

土耳其有一種鹽烤鯖魚三明治非常有名，我在英國吃到的是煙燻鯖魚，魚肉跟三明治真是絕佳組合。使用一夜干做起來相當簡單，美味程度絕對值回票價！

鍋蓋

鯖魚

烤網

中華鍋

有煙燻木片的鋁箔紙盒

((英式小羔羊漢堡))

英國倫敦百年市場（Borough Market）為數眾多的攤販中，小羔羊漢堡店總是大排長龍。被美味的香氣吸引，不知不覺就跟著人潮等候嚐鮮，大口咬下剛做好的漢堡，趁熱吃真的是人間美味呀！

● 材料

圓形法國麵包 ……1 個
小羔羊薄切腿肉（切小塊）
………………4～5 片
洋蔥（切薄片）……少量
綜合葉菜 ……1 個手掌分量
橄欖油 ……3 小匙
黃芥末奶油 ▶ P.48 ……1 大匙
香菜薄荷抹醬 ▶ P.19 …2 大匙

● 作法

1 平底鍋加熱 2 小匙橄欖油，用中火將羊腿肉煎到兩面金黃後取出。再倒入 1 小匙橄欖油，用小火慢慢拌炒洋蔥。鍋底若有髒污就用廚房紙巾稍微擦拭一下。

2 法國麵包橫向對半切開，切口朝下放在作法 1 平底鍋烤至焦脆。切面塗上黃芥末奶油與香菜薄荷抹醬。

3 將綜合葉菜及作法 1 依序擺在作法 2 下半部，蓋上另一半麵包。

Turkey

土耳其鷹嘴豆泥披塔餅

鷹嘴豆泥是中東的國民美食，也是相當夠分量的抹醬。
與辣味番茄抹醬搭配，熱熱地吃別有刺激感。可以做
出吃得很滿足的蔬食三明治，相當適合減肥時食用。

● 材料

披塔餅……1 個

A
- 高麗菜（切絲）……2 個手掌分量
- 紫高麗菜（切絲）……略少於 1 個手掌量
- 紅蘿蔔（切絲）……略少於 1 個手掌量
- 香菜（只用葉子）……2 枝

豆苗 ……1 個手掌分量
葉萵苣 ……4 片
鷹嘴豆泥抹醬 ▶ P.61 ……5 ～ 6 大匙
辣味番茄抹醬 ▶ P.63 ……約 2 大匙

＊扁平圓形中東麵包，又稱為口袋餅。

● 作法

1 把材料 A 混合拌匀。

2 將披塔餅切半變成口袋狀，
用平底鍋將兩面烤到微焦。
在口袋餅內側塗上 1/4 大匙
辣味番茄抹醬，再塗上 1/4
鷹嘴豆泥抹醬。

3 夾 2 片葉萵苣到作法 2 中，
依序放入一半豆苗和作法
1 。再加入 1/3 剩餘的鷹嘴
豆泥抹醬，以及適量辣味番
茄抹醬。另一半披塔餅重複
相同步驟做好後裝盤。

France

（ 法式焗烤熱狗堡 ）

與法式熱狗堡的第一次邂逅，是在巴黎的聖日耳曼德佩區的路邊攤。法國麵包酥脆的外皮和濃郁起司激盪出令人驚訝的美味，夾入香腸也非常對味，是一款奢侈的法式風味熱狗堡。

● 材料

法國麵包 ……半條
香腸（和麵包等長）……1 根
埃文達起司（Emmental）……40g
巴西里葉（切末）……1 小撮
卡宴辣椒粉＊……1 小撮
橄欖油 ……1 小匙
酸奶油藍起司 ▶ P.57 ……1 大匙
＊ Cayenne pepper，也可以用紅辣椒粉（一味唐辛子）代替。

● 作法

1 將法國麵包縱向切開不切斷，切面塗上酸奶油藍起司。
2 平底鍋加熱橄欖油，開中火把香腸煎香後夾到作法 1，撒上埃文達起司用烤箱烤至金黃色。
3 撒上巴西里與卡宴辣椒粉後裝盤。

德國咖哩香腸堡

德國的路邊攤（Imbiss）會販賣德式香腸，搭配用的麵包只是為了方便夾住香腸的配角。因為真正的主角是香腸，此處使用的是柏林非常有名的咖哩香腸。

● **材料**

小圓麵包 ……1 個
德式香腸 ……1 根
橄欖油 ……1/2 小匙
英式黃芥末＊ ……1 小匙
咖哩番茄抹醬 ▶ P.63 ……2 大匙

＊帶有強烈酸味及辣味的芥末醬，可用日式黃芥末代替。▶ P.109

● **作法**

1 在香腸表面切化刀。用平底鍋加熱橄欖油，將香腸煎香。
2 將麵包從上面切開不要切斷，切面均勻塗上 1 大匙辣味番茄抹醬。
3 把作法 1 夾到作法 2 裝盤，剩下的抹醬及英式黃芥末擺在一旁備用。

Germany

● 材料

Buns 圓麵包（直徑 6.5cm）…3 個
▼漢堡肉餡

A
├ 牛絞肉……140g
│ 麵包粉……3 又 1/2 大匙
│ 洋蔥（切末）……25g
│ 啤酒……1 又 1/2 大匙
│ 顆粒芥末醬……1 大匙
│ 鹽……1/2 小匙
└ 黑胡椒……少許

番茄（切 1cm 厚圈狀）……3 片
洋蔥（切 5mm 厚圈狀）……3 片
沙拉萵苣……3 片
橄欖油……2 小匙
酸黃瓜美乃滋 ▶ P.51……4 大匙
優格伍斯特抹醬 ▶ P.57……2 大匙

● 作法

1. 將材料 A 用手充分攪拌均勻後分 3 等分，再捏成與麵包相同大小的圓形。
2. 平底鍋加熱 1 小匙橄欖油，開小火把作法 1 煎成兩面焦香，途中一邊用廚房紙巾擦去油脂。
3. 用廚房紙巾擦去作法 2 的平底鍋油污，倒入剩下的橄欖油加熱，用小火把洋蔥煎至兩面焦香。
4. 圓麵包橫切一半，切面朝下放入作法 3 的平底鍋烤到焦香，切面塗上酸黃瓜美乃滋。
5. 作法 4 下半部麵包再塗上優格伍斯特抹醬，依序疊放作法 3、2，塗上剩下的優格伍斯特抹醬。將番茄、奶油萵苣分 3 等分堆疊上去，蓋上作法 1 上半部麵包。

United States

（（ 100% 美式純牛肉堡 ））

聚會的時候特別使用小圓麵包，做出像三明治一樣的迷你漢堡，搭配優格伍斯特抹醬更加清爽解膩。

酸黃瓜美乃滋
上半部圓麵包
沙拉萵苣
番茄
漢堡肉
優格伍斯特抹醬
洋蔥
優格伍斯特抹醬
洋蔥酸黃瓜美乃滋
下半部圓麵包

● **材料**

Buns 圓麵包（直徑 10cm）…1 個

▼魚排

A
- 白肉魚（切片）……100g
- 蛋液 ……1/2 顆
- 去水優格 （P.54）……2 大匙
- 鮮奶油（或鮮奶）……1/2 大匙
- 顆粒芥末醬 ……1 小匙

低筋麵粉 ……1 大匙

鹽、胡椒 ……少許

橄欖油 ……1 又 1/2 大匙

沙拉萵苣 ……2～3 片

黃芥末奶油 ▶ P.48……1/2 大匙

塔塔醬 ▶ P.56……2 大匙

● **作法**

1 將白肉魚去皮去骨切 1.5cm 小丁。

2 把材料 A 拌勻，放入低筋麵粉、作法 1 攪拌，再加入鹽、胡椒拌勻。

3 平底鍋加熱橄欖油，作法 2 放入鍋中塑形成圓形魚排，用小火煎至邊緣變色，翻面繼續煎至金黃色。

4 圓麵包對半橫切，切面塗上黃芥末奶油。下半部麵包重複塗上 1/3 塔塔醬，疊上沙拉萵苣、作法 3、剩下的塔塔醬，蓋上麵包後裝盤。

United States

（（ 美式塔塔魚排堡 ））

把白肉魚用煎大阪燒的方式煎熟，是一道簡單的魚排漢堡。
食材可以使用鱈魚或鯛魚等，只要是白肉魚都適合。
在煎好的魚排鋪上滿滿的塔塔醬，趁熱享用吧！

● 材料

軟式法國麵包……10cm

▼醃蘿蔔絲（方便製作的量）

白蘿蔔（長 7cm，切絲）…250g

紅蘿蔔（長 4cm，切絲）…50g

醋……50ml

味醂……15ml

鹽……1/2 小匙

柚子皮＊（切絲）…1/4 顆

柚子汁……1/4 顆

香菜（去掉粗梗）……2 根

羊萵苣＊＊……2～3 片

蔥……2 根

魚露……1/2 小匙

甜辣奶油 ▶ P.49……1 大匙

雞肝醬 ▶ P.61……2 大匙

＊柚子皮可用檸檬皮代替。

＊＊羊萵苣可用沙拉萵苣或葉萵苣代替。

● 作法

1 白蘿蔔絲、紅蘿蔔絲分別撒上一半的鹽靜置 10 分鐘，再輕輕擰乾水分。

2 醋、味醂開中火煮滾後關火，倒入作法 1 的紅蘿蔔絲浸泡。稍微散熱後加入白蘿蔔絲以及柚子皮，輕輕攪拌後倒入柚子汁，靜置一晚。

3 取出 40g 作法 2 瀝乾，加入魚露拌勻。

4 蔥切 5cm 長再縱切一半，然後切絲泡水 5 分鐘後瀝乾，用廚房紙巾吸乾水分。

5 法國麵包從側邊往上一點斜斜橫切，不要切斷。切面塗上甜辣奶油，下半部重複塗上雞肝醬。

6 羊萵苣夾進作法 5 中再鋪上作法 3、香菜，撒上作法 4 的蔥絲後裝盤。

（ 越式法國麵包 ） 🇻🇳 Vietnam

雞肝醬＋香菜＋甜辣奶油＋醃蘿蔔絲＋法國麵包！第一次吃到越南常見的三明治時，對於這種奇妙的組合感到不可思議。多層次味道堆疊出來的效果越嚼越香，一口接一口停不下來。

特殊食材 & 調味料

在本書中，襯托三明治美味的重要配角。
帶有異國特色的新鮮口味令人難忘。

甜菜根

濃烈色彩讓人為之驚
豔，染色力很強，其
他食材也容易染上顏
色，沾到手可以用檸
檬汁去也。外觀像蘿
蔔但是分屬不同類，
它和菠菜同為藜亞科
植物。

綠葡萄乾

甜度比一般的葡
萄乾低，外皮很
柔軟，是帶著
微酸的黃綠色
葡萄乾。

綜合胡椒

也稱為彩色胡
椒。由白、黑、
綠、紅四種不
同風味的胡椒
混合而成，香
氣與辣味富有
深度。主要用於
綜合胡椒奶油、
綜合胡椒美乃滋。

醋漬小黃瓜
（Cornichon）

Cornichon 是
迷你條瓜，在
長到 5 公分左
右時摘下，用
醋醃漬。適合
夾在不甜的三
明治裡。

佃煮山椒粒

溫和不嗆辣是山
椒粒的特徵，
書裡用的是佃
煮山椒粒。使
用一般市售的
罐頭即可。

鷹嘴豆

鷹嘴豆泥是鷹嘴
豆做成的抹醬。
鷹嘴豆最大的
產地是印度，
為中東常見料
理。一般都是用
水煮即可。

煙燻彩椒粉

彩椒煙燻後製成的粉末，抹在肉上油煎香氣非常濃郁，也可以加在燉牛肉這類燉煮料理中。

黃芥末泥

用於黃芥末奶油，條裝的使用起來非常方便。

佃煮蜂斗菜
（玻璃瓶裝）

不用事先料理調味，一整年都可以品嚐到充滿春天氣息的蜂斗菜。

辣根

顏色是白色的西洋山葵，辣度溫和。在英國主要用來搭配烤牛肉，市面上有販售條裝辣根。

英式黃芥末醬
（Colman's）

英式黃芥末的特徵是有明顯的鮮黃色，味道比日式芥末溫和，但比法式芥末醬嗆辣。在英國是眾人熟知的主流芥末醬。

伍斯特醬

全世界第一家的醬汁製造商英國李派林公司（Lea & Perrins）生產的伍斯特醬，比起日式伍斯特醬更滑順、辣度較高。

黃芥末醬
（Dijon 第戎）

法國勃根地區生產的名牌法國芥木醬。是一款有著溫和辣度，嚐起來清爽柔和的芥末醬。

甜辣醬

亞洲料理不可或缺的調味料，集結辣、甜、酸三種味道的泰國醬料。適合用來沾生春捲及炸物等。

Quilt

PRESS SAND MAKER

récolte

新食感
抹醬三明治

53種極上抹醬×46道三明治
超人氣輕食的醬料配方大公開

My Life
生活樹

新食感抹醬三明治

讀者資料（本資料只供出版社內部建檔及寄送必要書訊使用）：

1. 姓名：

2. 性別：□男　□女

3. 出生年月日：民國　　　年　　　月　　　日（年齡：　　　歲）

4. 教育程度：□大學以上　□大學　□專科　□高中（職）　□國中　□國小以下（含國小）

5. 聯絡地址：

6. 聯絡電話：

7. 電子郵件信箱：

8. 是否願意收到出版物相關資料：□願意　□不願意

購書資訊：

1. 您在哪裡購買本書？□金石堂（含金石堂網路書店）　□誠品　□何嘉仁　□博客來
   □墊腳石　□其他：＿＿＿＿＿＿＿＿＿＿＿＿＿＿（請寫書店名稱）

2. 購買本書日期是？＿＿＿年＿＿＿月＿＿＿日

3. 您從哪裡得到這本書的相關訊息？□報紙廣告　□雜誌　□電視　□廣播　□親朋好友告知
   □逛書店看到　□別人送的　□網路上看到

4. 什麼原因讓你購買本書？□喜歡料理　□注重健康　□被書名吸引才買的　□封面吸引人
   □內容好，想買回去做做看　□其他：＿＿＿＿＿＿＿＿＿＿＿＿＿＿＿＿＿＿（請寫原因）

5. 看過書以後，您覺得本書的內容：□很好　□普通　□差強人意　□應再加強　□不夠充實
   □很差　□令人失望

6. 對這本書的整體包裝設計，您覺得：□都很好　□封面吸引人，但內頁編排有待加強
   □封面不夠吸引人，內頁編排很棒　□封面和內頁編排都有待加強　□封面和內頁編排都很差

寄回函，抽好禮！
將讀者回函填妥寄回，
就有機會得到精美大獎！

活動截止日期：2016年3月25日（郵戳為憑）
得獎名單公布：2016年4月1日
公布於采實FB
https://www.facebook.com/acmebook

限量2名　市價 1990 元
（顏色隨機出貨）
電壓：110V/60Hz　功率：125W
尺寸：130x230x90(mm)　重量：1000g

recolte 日本麗克特 Quilt 格子三明治機

● 熱能快速傳導設計，約 3 分鐘可烤出美味可口三明治
● 可烘烤出可愛的格子網紋，輕鬆做出人人喜歡的烤吐司
● 烘烤完成後，可切成喜歡的形狀和大小
● 準備兩種不同食材，可同時烘烤雙料三明治
● 可直立式收納，底座電源線收納設計